新型建筑材料与建筑工程经济研究

李　涛　著

中华工商联合出版社

图书在版编目(CIP)数据

新型建筑材料与建筑工程经济研究 / 李涛著. --北京 : 中华工商联合出版社, 2023.10

ISBN 978-7-5158-3786-4

Ⅰ. ①新… Ⅱ. ①李… Ⅲ. ①建筑材料—研究②建筑经济学—工程经济学—研究 Ⅳ. ①TU5②F407.9

中国国家版本馆 CIP 数据核字(2023)第 191088 号

新型建筑材料与建筑工程经济研究

作　　者:李　涛
出 品 人:刘　刚
责任编辑:李红霞　孟　丹
装帧设计:程国川
责任审读:付德华
责任印刷:陈德松
出版发行:中华工商联合出版社有限责任公司
印　　刷:北京毅峰迅捷印刷有限公司
版　　次:2023 年 10 月第 1 版
印　　次:2024 年 1 月第 1 次印刷
开　　本:787mm×1092mm　1/16
字　　数:189 千字
印　　张:15.75
书　　号:ISBN 978-7-5158-3786-4
定　　价:68.00 元

服务热线:010-58301130-0(前台)
销售热线:010-58302977(网点部)
010-58302166(门店部)
010-58302837(馆配部、新媒体部)
010-58302813(团购部)
地址邮寄:北京市西城区西环广场 A 座
19-20 层,100044
http://wwwchgslcbscn
投稿热线:010-58302907(总编室)

目录

第一章　建筑材料的基本性质

第一节　建筑材料概述

随着人类文明及科学技术的发展，建筑材料也在不断地改进，现代土木工程中，传统土石等材料的主导地位已逐渐被新型材料所取代。目前混凝土、钢材、钢筋混凝土已是土木工程建设中不可替代的结构材料，新型合金、陶瓷、玻璃、有机材料及各种复合材料等在土木工程中占有越来越重要的地位。这些建材既有由自然界取材稍微加工即能使用的，也有需多种原料进行配料设计，需较新工艺、高温生产而成的。总之，建筑材料种类繁多，制备工艺也复杂多样。

一、建筑材料在建设工程中的地位

建筑材料是应用于土木工程建设中的无机材料、有机材料和复合材料的总称，建筑材料在工程建设中有着举足轻重的地位，对其具体要求体现在经济性、可靠性、耐久性和低碳性等方面。建筑材料是建设工程的物质基础，土建工程中建筑材料的费用占土建工程总投资的60%左右。因此，建筑材料的价格直接影响建设工程的投资。

建筑材料是一切社会基础设施的物质基础。社会基础设施包括以下方面：用于工业生产的厂房、仓库，电站、采矿和采油设施；用于农业生产的堤坝、渠道和灌溉排涝设施；用于交通运输和人们出行的高速公路、高速铁路、道路桥梁、海港码头和机场车站设施；用于人们生活需要的住宅、商场办公楼、宾馆、文化娱乐设施和卫生体育设施；用于提高人民生活质量的输水、输气，送电管线，网络通信和排污净化设施；用于国防需要的军事设施和安全保卫设施，等等。社会基础设施的建设与工农业生产和人们的日常生活息息相关；社会基础设施的安全运行关乎人民的生活水平和生活质量。因此，建筑材料质量的提高与新型建筑材料的开发利用直接影响社会基础设施建设的质量、规模和效益，进而影响到国民经济的发展和人类社会文明的进步。

建筑材料与建筑结构和施工之间存在着相互促进、相互依存的密切关系，某种新型建筑材料的出现必将促进建筑形式的创新，同时结构设计和施工技术也将得到相应的改进和提高。同样，新的建筑形式和结构设计也呼唤着新的建筑材料并促进建筑材料的发展。例如，采用建筑砌块和板材替代实心黏土砖，就要求改进结构构造设计、施工工艺和施工设备；高强混凝土的推广应用要求有新的钢筋混凝土结构设计和施工技术规程与之适应。同样，高层建筑、大跨度结构、预应力结构的大量应用，要求提供更高强度的混凝土和钢材，以减小构件截面尺寸，减轻建筑物自重。随着建筑功能要求的提高，还需要提供同时具有保温、隔热、隔声、装饰、耐腐蚀等性能的多功能建筑材料。

构筑物的功能和使用寿命在很大程度上取决于建筑材料的性能，如装饰材料的装饰效果、钢材的锈蚀、混凝土的劣化、防水材料的老化等无一不是材料的问题，也正是这些材料的特性构成了构筑物的整体性能，因此，从强度设计理论向耐久性设计理论转变的关键在于材料耐久性的提高。

建设工程的质量很大程度上取决于材料的质量控制，如钢筋混凝土结构的质量主要取决于混凝土的强度、密实性和是否产生裂缝。在材料的选择、生产、储运、使用和检验评定过程中，任何环节的失误都可能导致工程的质量事故。事实上，国内外土木工程建设中的质量事故绝大部分都与材料的质量缺损相关。

建筑材料是建筑工业的耗能大户，许多建筑材料的生产能耗很大，并且排放大量的二氧化碳及硫化物等污染物质，因此，注重再生资源的利用，节能新型建材和绿色建筑材料的选用以及如何节省资源、能源来保护环境已成为建筑工业建设资源节约型社会和可持续发展的重大课题。

构筑物的可靠度评价在很大程度上依赖于材料可靠度评价。材料信息参数是构成构件和结构性能的基础，在一定程度上“材料—构件—结构”组成了宏观上的“本构关系”。因此，作为一名土木工程技术人员，无论是从事设计施工还是管理工作，均需掌握建筑材料的基本性能，并做到合理选材、正确使用和维护保养；作为建筑材料生产技术开发工程技术人员，不仅要掌握材料的基本性能，更应该掌握材料的生产工艺，并在此基础上合理缩短工艺流程，尽量选用智能化设备，做到节能降耗、绿色生产。

二、建筑材料的分类

建筑材料体系庞大、种类繁多、品种各异，最常用的两种分类方法是按化学成分和按材料在工程中的作用来分类。

根据材料在工程中的作用，建筑材料可以分为结构承重材料、墙体围护材料、防水材料、保温材料、吸声材料、地面材料，屋面材料、装饰材料等功能材料。结构承重材料是指构成建筑物受力构件和结构所用的材料，如梁、板、柱。基础等所用的材料，这类材料要求有较高的强度和较好的耐久性。根据我国国情，现在和将来相当长的时期内，钢筋混凝土和预应力混凝土将是我国工程建设的主要结构材料。近年来，钢材在高层建筑和大跨度构筑物的建设中，作为承重材料也发挥着越来越大的作用。墙体围护材料在建筑中起围护、分隔和承重的作用。使用这类材料有两点要求：一是要有必要的强度；二是要有较好的绝热性能和隔声、吸声效果。目前采用的墙体材料多为混凝土和加气混凝土砌块，复合墙板、空心黏土砖，炉渣砖、煤矸石砖、煤粉灰砖、灰砂砖等新型墙体材料，这些材料具有工业化生产水平高、施工速度快、绝热性能好、节省资源能源、保护耕地等特点。建筑功能材料是指担负某些建筑功能的非承重材料，这些材料在某些方面要有特殊功能，如防水、防火、绝热、吸声、隔声，采光、装饰等。

三、建筑材料的现状与发展趋势

建筑材料是我国经济发展和社会进步的重要基础原料之一。人类进入 21 世纪以来，对生存空间以及环境的要求达到了一个前所未有的高度，这对建筑材料的生产、研究、使用和发展提出了更新的要求和挑战，特别是现代美好社会的建设和城镇化的全面推进，乃至整个现代化建设的实施都预示着我国未来几十年的经济发展和社会进步对建筑材料有着更大的市场需求，也意味着我国建筑材料领域有着巨大的发展空间。因此，了解建筑材料的发展状况，把握建筑材料的发展趋势显得尤为重要。

（一）建筑材料的现状

与以往相比，当代建筑材料的物理力学性能已获得明显改善，其应用范围也有明显的变化。例如，水泥和混凝土的强度、耐久性及其他功能均有所改善；随着现代陶瓷与玻璃的性能改进，其应用范围与使用功能已经大大拓宽。此外，随着技术的进步，传统的应用方式也发生了较大变化，现代施工技术与设备的应用也使得材料在工程中的性能表现比以往好，为现代土木工程的发展奠定了良好的物质基础。尽管目前建筑材料在品种与性能上已有很大的进步，但与人们对其性能的期望值还有较大差距。

1. 从建筑材料的来源看

建筑材料的用量巨大，经过长期消耗，单一品种或数个品种的原材料来源已不能满足其持续不断的发展需求。尤其是历史发展到今天，以往大量采用的黏土砖瓦和木材等已经给可持续发展带来了沉重的负担。此外，由于人们对各种建筑物性能要求的不断提高，传统建筑材料的性能也越来越不能满足社会发展的需求。为此，以天然材料为主要建筑材料的时代即将结束，取而代之的将是各种人工材料。这些人工材料将会向着再生化、利废化、节能化和绿色化等方向发展。

2. 从土木工程对材料技术性能要求的方面来看

土木工程对材料技术性能的要求越来越多，对各种物理性能指标的要求也越来越高，从而使未来建筑材料的发展具有多功能和高性能的特点，具体来说就是材料向着轻质、高强、多功能、良好的工艺性和优良耐久性的方向发展。

3. 从建筑材料应用的发展趋势来看

为满足现代土木工程结构性能和施工技术的要求，材料应用向着工业化的方向发展。例如，建筑装配化要求混凝土向着部品化和商品化的方向发展，材料向着半成品或成品的方向延伸，材料的加工、储存、使用、运输及其他施工技术的机械化、自动化水平不断提高，劳动强度逐渐下降，这不仅改变着材料在使用过程中的性能表现，也逐渐改变着人们使用土木工程材料的手段和观念。

4. 我国建筑材料与世界先进水平的主要差距

我国建筑材料就产量来说可以称为世界大国。但无论是产品的结构、品种、档次、质量、性能、配套水平，还是工艺、技术装备、管理水平等均与世界先进水平有一定差距。

（1）建筑装饰材料。我国的建筑装饰材料虽然起步较晚，但起点较高，因此相对于其他几类材料而言，水平较高，与世界先进水平的差距不是很大。

（2）防水材料。虽然国际市场上现有的主要产品国内都有生产，但由于生产技术和装备水平都十分落后，因此先进产品的产量并不高。

（3）保温材料。无论是其产品结构还是技术水平，与世界先进水平的差距都很大。

（4）墙体材料。我国虽是墙体材料的生产大国，而且黏土砖的产量很大，但就整体而言，与世界先进水平差距很大。主要表现在产品性能落后、结构不合理、设备陈旧、机械化程度低、劳动生产率低、产品强度低。

（二）主要建筑材料生产工艺现状

我国是世界上最大的建筑材料生产国和消费国。2019年，全国水泥产量23.3亿吨，平板玻璃产量9.3亿重量箱，商品混凝土产量25.5亿立方米。虽然总体水平不够先进，但水泥、玻璃等系统集成技术已经世界领先。

在水泥制造业，海螺水泥第一个建成“无人化”工厂；西南水泥引入线上采购；华新水泥引入智慧采购；冀东水泥构筑了企业智能制造与财务、业务一体化管理体系；南方水泥最大程度地实现了水泥厂数字化与智能化；中联水泥实现了中国水泥业的“智能梦”；天津哈沃科技开发了无人化全自动系统。

在玻璃制造业，福耀集团结合信息技术和自动化的生产工厂，已经走在全球同行业前列；中建材凯盛集团达成玻璃生产线智能制造、黑灯工厂，高端玻璃制造水平世界领先；南玻集团绿色能源产业园推动“机器换人”，实现自动化升级；瑞必达智能工厂生产率已提升22倍。

在陶瓷制造业，行业技术与产品结构的总体水平有15%已经达到国际领先水平，30%左右已经接近国际领先水平；超高压注浆成型、微波干燥技术、3D打印等领先技术已经立项研制。

在建材流通业，万华生态集团推出“司空新家装”——绿色工业化定制家装产业互联网平台，将室内装修拆解为十大定制体系，实现装修从智能测量、智能匹配设计到智能制造、安装交付的全产业链数字化解决方案，并提供完整、绿色、高性价比的供应链，以满足中国房地产新建房市场对快、美、绿装修的需求，实现内装工业化定制精装修。

尽管如此，我国建材制造业自动化和信息化水平总体上仍处于信息化早中期的工业 2. 0 时代。建材企业人均工业机器人拥有量远低于全国每万人 49 台的平均水平，更无法与世界平均水平 69 台相比，众多建材企业通过技术改造实现装备升级还有相当大的空间。利用新技术改造传统产业，不仅能提升生产效率和产品质量，还可大幅降低能耗、物耗和排废水平，实现清洁、绿色、高效生产，推动传统产业向高品质、高附加值的价值链中高端迈进。

（三）新型建筑材料——绿色建材

建筑材料行业在对资源的利用和对环境的影响方面都占据着重要的位置，在产值、能耗、环保等方面都是国民经济中的大户。为了保证源源不断地为工程建设提供质量可靠的材料，避免新型材料的生产和发展对环境造成危害，“绿色建材”应运而生，目前开发的绿色建材和准绿色建材主要有以下几种。

1. 利用废渣类物质为原料生产的建材

这类建材以废渣为原料，生产砖、砌块、胶凝材料，其优点是节能利废，但仍需依靠科技进步，继续研究和开发更为成熟的生产技术，使这类产品无论是成本上还是性能上都能真正达到绿色建材的标准。

2. 利用化学石膏生产的建材产品

用工业废石膏代替天然石膏，采用先进的生产工艺和技术，可生产各种土木建筑材料产品，这些产品具有许多石膏的优良性能，开辟石膏建材的新来源，并且消除了化工废石膏对环境的危害，符合可持续发展战略。

3. 利用废弃的有机物生产的建材产品

以废塑料、废橡胶及废沥青等可生产多种建筑材料，如防水材料、保温材料、道路工程材料及其他室外工程材料，这些材料不仅消除了有机物对环境的污染，还节约了石油等资源，符合资源可持续发展的基本要求。

4. 各种代木材料

用其他废料制造的代木材料在生产使用中不会危害人的身体健康，利用高新技术降低其成本和能耗，将是未来绿色建材的主要发展方向。

5. 利用来源广泛的地方材料为原料

每个地区都可能有来源丰富、不同种类的地方材料，根据这些地方材料的性质和特点，利用现有高科技生产技术，可生产各种性能的健康材料，如某些人造石材、水性涂料和某些复合材料都是绿色建材的发展方向。

(四) 建筑材料的发展趋势

众多现象表明，进入 21 世纪以后，在我国甚至是全世界范围内，建筑材料的发展具有以下趋势：

(1) 研制高性能材料，例如，研制轻质、高强、高耐久性、优异装饰性和多功能的材料，充分利用和发挥各种材料的特性，采用复合技术，制造出具有特殊功能的复合材料。

(2) 充分利用地方材料，尽量减少天然资源的浪费，大量使用尾矿、废渣、垃圾等废弃物作建筑材料的资源，以保护自然资源和维护生态平衡。

(3) 节约能源，采用低能耗、无环境污染的生产技术，优先开发、生产低能耗的材料以及能降低建筑物使用能耗的节能型材料。

(4) 材料生产中不使用有损人体健康的添加剂和颜料，如甲醛、铅、镉、铬及其化合物，同时要开发对人体有益的材料，如抗菌、灭菌、除臭、除霉、防火、调温、消磁、防辐射、抗静电等。

(5) 产品可循环再生和回收利用，无污染废弃物，以防止二次污染。

总而言之，建筑材料往往标志着一个时代的特点，建筑材料发展的过程是随着社会生产力一起进行的，与工程技术的进步有着不可分割的联系。

第二节　基本物理性质

一、材料与质量有关的性质

（一）真密度

真密度是指材料在绝对密实状态下单位体积的质量。其计算式为：

$$\rho=\frac{m}{V}$$

式中：ρ——材料密度（单位：g/cm^3 或 kg/m^3）；

m——材料在干燥状态下的质量（单位：g 或 kg）；

V——材料在绝对密实状态下的体积（单位：cm^3 或 m^3）。

材料在绝对密实状态下的体积是指不包括孔隙在内的体积，在建筑工程材料中，除了钢材、玻璃等极少数材料外，绝大多数材料内部都存在孔隙。

为了测定有孔材料的密实体积，通常把材料磨成细粉，干燥后用李氏瓶利用排水法原理测其体积，材料磨得越细，细粉体积越接近其密实体积，所得密度值也就越精确。

真密度是材料的基本物理性质，与材料的其他性质之间存在着密切的关系。

（二）表观密度

表观密度是指材料在自然状态下单位体积的质量。其计算式为：

$$\rho_0=\frac{m}{V_0}$$

式中：ρ_0——材料表观密度（单位：kg/m^3 或 g/cm^3）；

m——材料质量（单位：kg 或 g）；

V_0——材料在自然状态下的体积，或称为表观体积（单位：m^3 或 cm^3）。

材料的表观体积是指包括材料内部孔隙在内的体积，对于形状规则的体积可以直接量测计算而得（例如各种砌块、砖）；形状不规则的体积可将其表面蜡封，然后采用排水体积法或体积仪直接测得。

这些方法经过不断的发展，逐渐成为检测砖与砌块等建筑工程材料表观密度的标准方法。

当材料孔隙内含有水分时，其质量和体积均有所变化，因此测定材料表观密度时，必须注明其含水状态。如绝干（烘干至恒重）、风干或气干（长期在空气中干燥）、含水湿润状态、吸水饱和状态，相应的表观密度为干表观密度、气干表观密度、湿表观密度、饱和表观密度。通常所说的表观密度是指气干表观密度。

（三）堆积密度

堆积密度是指粉状、颗粒状材料在自然堆积状态下单位体积的质量，其计算式为：

$$\rho'_0=\frac{m}{V'_0}$$

式中：ρ'_0——材料堆积密度（单位：kg/m^3）；

m——材料质量（单位：kg）；

V'_0——材料堆积体积（单位：m^3）。

材料的堆积体积既包括颗粒体积（颗粒内有孔隙）又包括颗粒间空隙的体积。砂石等散粒状材料的堆积体积，可通过在规定条件下用填充容量筒容积来求得，材料堆积密度的大小取决于颗粒的表观密度和堆积的疏密程度。

二、材料与水有关的性质

（一）亲水性与憎水性

材料在与水接触时，根据材料表面被水润湿的情况，可分为亲水性材料和憎水性材料。润湿是水在材料表面被吸附的过程。当材料在空气中与水接触时，在材料、水、空气三相交点处，沿水滴表面引切线与材料表面所夹的角称为润湿角。若材料分子与水分子间相互作用力大于水分子之间的作用力，材料表面就会被水润湿，此时 $\theta \leqslant 90°$［图 1—1（a）］，这种材料称为亲水性材料。反之，若材料分子与水分子间的相互作用力小于水分子之间的作用力，则表示材料不能被水润湿，此时 $90° < \theta < 180°$［图 1—1（b）］，这种材料称为憎水性材料。很显然，润湿角越小，材料的亲水性越好。当 $\theta = 0°$时，表明材料完全被水润湿。

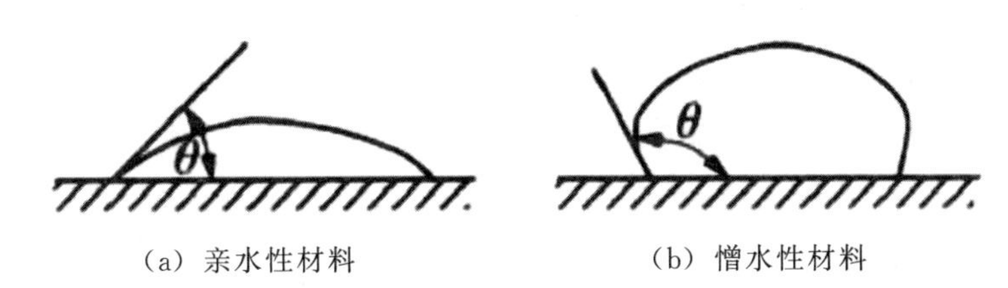

（a）亲水性材料　　　　（b）憎水性材料

图 1—1　材料的润湿角

大多数建筑材料，如石料、砖、混凝土、木材等都属于亲水性材料，表面均能被水润湿；沥青、石蜡、某些塑料都属于憎水性材料，表面不能被水润湿。因此，憎水性材料经常用作防水材料或用作亲水性材料表面的憎水处理。

（二）吸水性

吸水性是指材料在水中吸收水分的性质，吸水性的大小用吸水率表示，吸水率有质量吸水率和体积吸水率之分。

材料吸水率的大小除了与材料本身的成分有关外，还与材料的孔隙率和孔隙构造特征有密切的关系。一般来说，材料具有细小连通孔时，其孔隙率则大，吸水率也高。如果孔多是封闭孔（水分不易渗入）或粗大连通孔（水分不易存留），即使有较高的孔隙率，吸水率也不一定高。

（三）吸湿性

材料在潮湿空气中吸收空气中水分的性质称为吸湿性。

当材料孔隙中含有一部分水分时，这部分水占材料干重的百分率称为材料含水率。当材料的含水率达到与空气中湿度相平衡时称为平衡含水率。材料含水率除与空气湿度有关外，还与材料本身组织构造有关。一些吸湿性大的材料，由于大量吸收空气中的水汽而重量增加、强度降低、体积膨胀、尺寸改变，如木门窗在潮湿环境中就不易开关，保温材料吸湿后则会降低其保温隔热性能。

因此，检测建筑工程材料的吸湿性对工程质量的把控十分重要，目前根据此类需要，已经提出了相关的标准检测方法。

(四) 耐水性

材料长期在饱和水作用下不被破坏、强度也无明显下降的性质称为耐水性。一般来讲，材料长期在饱和水作用下会削弱其内部结合力，强度会有不同程度的降低，就算是结构密实的花岗岩，当其长期浸泡在水中时，强度也将下降3%左右，孔隙率较大的普通黏土砖和木材受水的影响更为明显。

材料软化系数在0～1范围，软化系数值越大，材料的耐水性越好。对于受长期浸泡或处于潮湿环境的重要建筑或构筑物，必须选用耐水材料，其软化系数不得低于0.85，通常将软化系数在0.85以上的材料称为耐水材料，处于干燥环境中的材料可以不考虑软化系数。

软化系数的大小表明材料浸水后强度降低的程度，根据建筑物所处的环境，软化系数是选择材料的重要依据。

为了测得材料的软化系数等数据以用来衡量材料的耐水性，需要具有操作性与可靠性的检测方法。

第三节　力学性质与耐久性

一、力学性质

(一) 强度

材料在外力（载荷）作用下抵抗破坏的能力称为强度。当材料承受外力作用时，内部就产生应力。外力逐渐增加，应力相应加大；直到质点间的作用力不能够再承受应力作用时，材料被破坏，此时的极限应力值就是测量的强度。

根据外力作用方式的不同，材料强度可分为抗压强度、抗拉强度、抗剪强度及抗弯强度等。

1. 抗压、抗拉及抗剪强度

材料的抗压、抗拉及抗剪强度均按下式计算：

$$f=\frac{F_{\max}}{A}$$

式中：f——材料的强度（单位：MPa）；

$F_{\max}$——破坏时最大载荷（单位：N）；

A—受荷面积（单位：mm^2）。

2. 抗弯强度

测量抗弯强度的一般试验方法是将条形试件放在两支点上，中间作用——集中载荷，对于矩形截面试件，抗弯强度按下式计算：

$$f_{m}=\frac{3F_{\max}L}{2bh^{2}}$$

另外的试验方法是在跨度的分点上作用两个相等的集中载荷，抗弯强度计算：

$$f_{m}=\frac{F_{\max}L}{bh^{2}}$$

式中：f_m——抗弯强度（单位：MPa）；

$F_{\max}$——弯曲破坏时最大载荷（单位：N）；

L——试件的跨度（单位：mm）；

b，h——试件横截面的宽和高（单位：mm）。

不同种类的材料具有不同的抵抗外力的特点，相同种类的材料，随其孔隙及构造特征的不同，其强度也有较大的差异，建筑材料中的砖、石材、混凝土和铸铁等的抗压强度较高，而抗拉及抗弯强度很低；木材顺纹方向的抗拉强度高于抗压强度；钢材的抗拉、抗压强度都很高。因此，砖、石材、混凝土等多用在房屋的墙和基础等承压部位；钢材则适用于承受各种外力的构件和结构。

(二) 弹性与塑性

材料在外力作用下产生变形，当外力取消后，能够完全恢复原来形状的性质称为弹性，这种能完全恢复的变形称为弹性变形（或瞬时变形）。

材料在外力作用下产生变形，如果取消外力，仍保持变形后的形状和尺寸，并且不产生裂缝的性质称为塑性，这种不能恢复的变形称为塑性变形（或永久变形）。

实际上，单纯的弹性材料是不存在的。有的材料在受力不大的情况下，表现为弹性变形，但受力超过一定限度后，则表现为塑性变形，如建筑钢材。有的材料在受力后，弹性变形及塑性变形同时产生，如图 1－2 所示。如果取消外力，则弹性变形 *ba* 段可以恢复，而其塑性 *Ob* 变形段则不能恢复，如混凝土受力后的变形就属于这种性质。

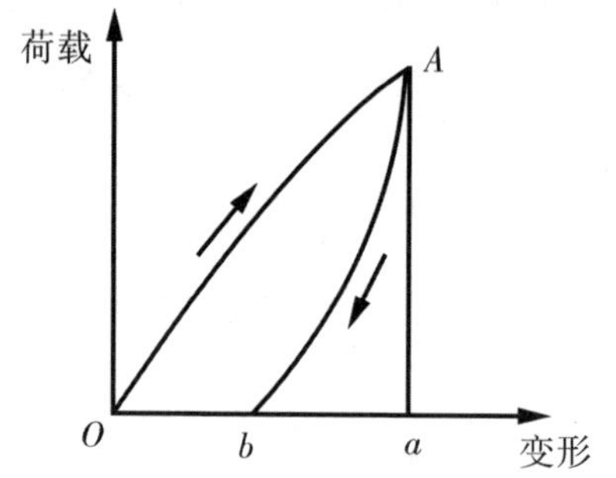

图 1－2 弹—塑性材料的变形曲线

（三）脆性与韧性

当外力达到一定限度后，材料突然破坏而无明显塑性变形的性质称为脆性。脆性材料的变形曲线如图 1－3 所示。脆性材料的抗压强度比抗拉强度要高很多，其抵抗振动作用和抵抗冲击载荷的能力很差，砖、石材、陶瓷、玻璃、混凝土和铸铁等属于脆性材料。

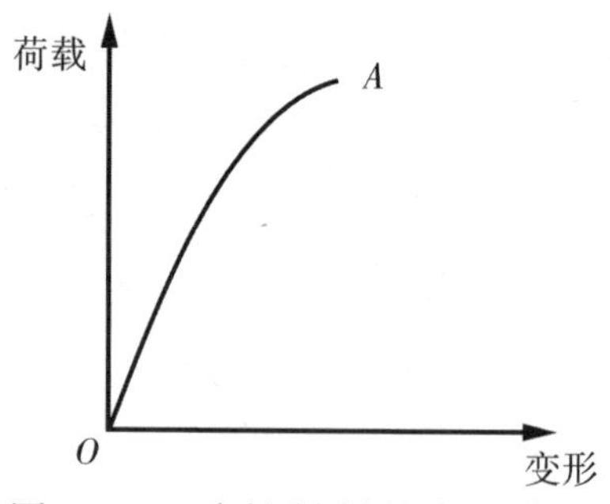

图 1－3 脆性材料的变形曲线

在冲击、振动载荷作用下，材料能够吸收较大的能量，同时也能产生较大的变形而不致破坏的性质称为韧性（冲击韧性）。建筑工程中，对于要承受冲击载荷和抗震要求的结构，都要考虑材料的冲击韧性。

因此，不同的材料有不同的检测方法。例如，混凝土作为典型的脆性材料，没有屈服点，也就没有屈服强度，只有抗压强度、抗弯强度和抗拉强度的标准，而且混凝土的标号正是根据《混凝土强度检验评定标准》以抗压强度作为标准来表达的。

二、耐久性

材料在建筑物的使用过程中，除受到各种外力作用外，还长期受到各种使用因素和自然因素的破坏作用，这些破坏作用有物理作用、机械作用、化学作用和生物作用。

物理作用包括温度和干湿的交替变化、循环冻融等。温度和干湿的交替变化引起材料的膨胀和收缩，长期、反复地交替作用使材料逐渐破坏，在寒冷地区，循环的冻融对材料的破坏更为明显。机械作用包括载荷的持续作用，反复荷载引起材料的疲劳、冲击疲劳、磨损等；化学作用包括酸、碱、盐等液体或气体对材料的侵蚀作用；生物作用包括昆虫、菌类等的作用而使材料蛀蚀、腐朽或霉变。

一般建筑材料如石材、砖瓦、陶瓷、混凝土、砂浆等暴露在大气中时，主要受到大气的物理作用；当材料处于水位变化区或水中时，还受到环境水的化学侵蚀作用。金属材料在大气中易遭锈蚀；木材及植物纤维材料常因虫蚀、腐朽而遭到破坏；各种高分子材料在阳光、空气及热的作用下会逐渐老化、变质而破坏。

材料的耐久性是指在使用条件以及上述各种因素的作用下，在规定使用期限内不破坏也不失去原有性能的性质，诸如抗冻性、抗风化、抗老化性、耐化学侵蚀性等均属于材料的耐久性。

（一）抗冻性

材料在吸水饱和状态下能经受多次冻融循环作用而不被破坏，同时也不严重降低强度的性质称为抗冻性，用抗冻标号表示。

材料经多次冻融交替作用后，表面将出现剥落、裂纹，产生质量损失，强度也会降低。冰冻的破坏作用是由材料孔隙内的水分结冰而引起的，水结冰时体积约增大9%，从而对孔隙产生压力而使孔壁开裂，抗冻标号表示材料所能承受的最大冻融循环次数，此时其质量损失、强度降低均不低于规定值。如混凝土抗冻标号D15指混凝土所能承受的最大冻融循环次数是15次（在−15 ℃的温度下冻结后，再在200 ℃的温度中融化，为一次冻融循环），这时强度损失率不超过25%，质量损失不超过5%。

冬季室外计算温度低于−15 ℃的地区，其重要工程材料必须进行抗冻性实验。例如，混凝土作为重要的建筑工程材料，需要对其抗冻性进行检测，而对应不同的建筑材料，其检测方法也不同，例如，针对混凝土材料，抗冻性试验方法主要有快冻法和慢冻法两种，主要规范有《水工混凝土试验规程》（DL/T 5150—2017）和《水运工程混凝土试验检测技术规范》（JTS/T 236—2019）。同时，抗冻性作为建筑材料应用性能当中的一项重要指标，目前已经使用相应的检测设备并参照相应的标准进行检测。除此之外，对材料抗冻性的要求，视工程类别、结构部位、所处环境、使用条件以及建筑物等级仍有不同要求。

（二）抗化学腐蚀性

化学作用主要包括酸、碱、盐等物质的水溶液和有害气体的侵蚀作用，这种侵蚀作用使材料逐渐发生质变，孔隙增大、强度降低而引起破坏。而且由于建筑工程材料种类复杂，应用环境更加复杂，因此需要不同的检测方法以及不同的抗腐蚀标准。工程中常以增加密实性、设保护层，采用耐腐蚀材料等方法提高材料的抗腐蚀能力。

（三）碳化

碳化主要是空气中的CO_2对材料的破坏，如塑料、沥青老化等，同时也包括砖、石材、混凝土等材料暴露在大气中，受到风吹、日晒、雨淋、霜雪作用产生风化。因此，工程中应对易碳化材料采取相应措施如钢材涂防锈漆，在塑料和沥青中掺抗碳化试剂等可以防止材料碳化破坏。经过处理的建筑工程材料能否应用于建筑工程当中，需要通过碳化系数来衡量，不同材料碳化系数的检测按照不同的标准检测方法。

第四节　热工、声学、光学性质

一、热工性质

建筑工程材料除需要满足必要的强度及其他性能要求外，还应满足人们生活、生产方面的要求，为生产和生活创造适宜的条件，并节约建筑物的使用能耗。

（一）导热性

材料传导热量的性质称为导热性，以导热系数表示，即：

$$\lambda=\frac{Qa}{At\ (T_2-T_1)}$$

式中：λ——导热系数［单位：W/（m·K）］；

Q——总传热量（单位：J）；

a——材料厚度（单位：m）；

A——热传导面积（单位：m^2）；

t——热传导时间（单位：s）；

T_2-T_1——材料两面温度差（单位：K）。

材料的导热系数越大，其传导的热量就越多。

导热系数与材料的组成、结构及构造有关，同时还受含水率及两面温度差的影响。一般无机材料比有机材料的导热系数大，结晶材料比非结晶材料的导热系数大，如结晶态的 SiO_2 的导热系数为 8.97 W/（m·K），玻璃态的 SiO_2 的导热系数为 1.13 W/（m·K）。同一组成而质量小，气孔多的材料导热系数小，材料受潮后导热系数增大，饱和水结冰后导热系数更大。材料气孔充水后，导热系数由 0.025 W/（m·K）提高到 0.60 W/（m·K），提高了 20 多倍。如水再结冰，冰的导热系数为 2.20 W/（m·K），比气孔材料的导热系数提高了 80 多倍。

而对于建筑材料来讲，检测新型建筑材料当中绝热材料的导热系数是十分重要的。材料导热性是一个非常重要的热物理性质，在设计围护结构、窑炉设备时，都要正确地选用材料，以满足隔热与传热的要求。

（二）热容量

材料受热（或冷却）时吸收（或放出）热量的性质称为材料的热容量，用热容量系数（比热）表示，即：

$$C=\frac{Q}{m\ (T_2-T_1)}$$

式中：C——材料热容量系数［单位：J/（g·K）］；

Q——材料吸收（或放出）的热量（单位：J）；

m——材料的质量（单位：g）；

T_2-T_1——材料受热或冷却前后温差（单位：K）。

由此可知，热容量系数指质量为 1 g 的材料，当温度升高（或降低）1 K 时所吸收（或释放）的热量。

热容量系数与材料质量之积称为材料的热容量值，它表示材料温度升高（或降低）1 K 所吸收或释放出的热量。热容量值大的材料，对于保持室内温度稳定性有良好的作用。如冬季房屋采暖后，热容量值大的材料，本身吸入储存较多的热量，当短期停止采暖后，它会放出吸入的热量，使室内温度变化不致很快。

热容量最大的物质是水，$C=4.19$ J/（g·K）。由此可知，蓄水的平屋顶能使房间冬暖夏凉。

（三）耐燃性

材料在建筑物失火时，能经受高温与水的作用而不破坏、不严重降低强度的性能，称为材料的耐燃性。据此，材料（或结构物）的燃烧性能可分为以下三类：

（1）不燃烧类。遇火、遇高温不易起火，不易燃、不碳化，如普通黏土砖、天然石材、水泥砂浆、混凝土、石棉等。

（2）难燃烧类。遇火、遇高温不易起火，易燃、易碳化，只有在火源存在时能继续燃烧，或易燃火焰熄灭后即停止燃烧，如沥青混凝土、木丝板、经防火处理的木材等。

（3）燃烧类。遇火、遇高温即起火，易燃，并且在离开火源后能继续燃烧或易燃，如木材、沥青及多数有机材料等。

（四）耐火性

材料在长期高温作用下，不熔、不燃且仍能承受一定荷载的性能称为材料的耐火性，保持材料原有性质所能承受的最高温度称为耐火度，工业窑炉、锅炉的燃烧室及烟道等材料必须具有一定的耐火性。

（1）耐火材料。耐火度不低于1580 ℃的材料，如耐火砖中的硅砖、镁砖、铅铬砖等。

（2）难熔材料。耐火度为1350～1580 ℃的材料，如难熔黏土砖、黏土熟料、耐火混凝土等。

（3）易熔材料。耐火度低于1350 ℃的材料，如普通黏土砖等。

同样，在选用不同耐火性的建筑材料用于建筑领域当中时，要对实际应用部分进行耐火性检测，以确保建筑材料在实际应用过程中具有安全保障。例如，建筑门窗需要参照《建筑门窗耐火完整性试验方法》（GB/T 38252—2019）进行检测。

二、声学性质

（一）吸声性

当声波传播到材料的表面时，一部分被反射，另一部分穿透材料，其余部分则传递给材料。对于含有大量连通孔隙的材料，传递给材料的声能在材料的孔隙中，引起空气分子与孔壁的摩擦和黏滞阻力，使相当一部分声能转化为热能而被吸收或消耗掉。声能穿透材料和被材料消耗的性质称为材料的吸声性。评定材料吸声性能好坏的主要指标为吸声系数 α，即：

$$\alpha=\frac{E_a+E_c}{E_0}$$

式中：E_a——穿透材料的声能（单位：W）；

E_c——材料消耗掉的声能（单位：W）；

E_0——入射到材料表面的全部声能（单位：W）。

吸声系数值越大，表示材料吸声效果越好。

（二）隔声性

隔声与吸声不同，不能简单地把吸声材料作为隔声材料使用。声波在建筑结构中的传播主要通过空气和固体来实现，因而隔声方式可分为隔空气声和隔固体声两种。这两种隔声方法是不同的。

隔声量 R 又称传声损失，表示材料隔绝空气声的能力，是在标准隔声试验室内测出的，其单位为分贝（dB），R 越大，隔声效果越好。

根据声学中的“质量定律”，墙或板的隔声量主要取决于单位面积的材料质量（kg/m^2），材料的质量越大，越不易振动，则隔声效果越好。因此，必须选用密实，沉重的材料（如黏土砖、钢板、钢筋混凝土）作为隔声材料。

对隔固体声最有效的措施是采用不连续的结构，即在楼板层与结构之间加弹性衬垫，如毛毡、软木、橡皮等材料，或在楼板上铺设地毯、塑料地面、木地板等柔软材料，以吸收能量而减声。

三、光学性质

光是以电磁波形式传播的辐射能。电磁波辐射的波长范围很广，只有波长在 380～760 nm 的这部分辐射才能引起光视觉，称为“可见光”。波长短于 380 nm 的光是紫外线、X 射线；长于 760 nm 的光是红外线、无线电波等。

光的波长不同，人眼对其产生的颜色感觉也不同。各种颜色的波长之间并没有明显的界限，即一种颜色逐渐减弱，另一种颜色则逐渐增强，慢慢变到另一种颜色，另外，波长还关系到光通量、发光强度、无线电波等。

根据光学原理，颜色不是材料本身固有的，而决定于材料的光谱反射、光线的光谱组成、观看者的光谱敏感性，其材料的光泽是材料表面的特征。光线照到物体上，一部分被反射，另一部分被吸收，如果物体是透明的，则有一部分透射物体。当光线入射角和反射角对称时称为镜面反射；当反射光线分散在各个方向时称为漫反射，漫反射与物体颜色和亮度有关。镜面反射是产生光泽的主要因素，对物体形象形成的清晰程度、反射光线的强弱起决定性作用，材料的光泽按《建筑饰面材料镜向光泽度测定方法》评定。

另外，材料的光学性质，还关系到材料的透明度、表面组织、形状尺寸和立体造型等。总之，一幢建筑物（或建筑群体），除了满足物理、力学等性能外，还要充分利用自然光线为室内采光，建筑的立面要充分运用自然光形成凹凸的光影效果、强烈的明暗对比，使建筑物矗立在大地上栩栩如生，色泽鲜明、清晰，立体感强，美观耐久。

第二章　新型水泥基复合材料

第一节　硅酸盐水泥的结构与性能

水泥的品种很多，按其主要水硬性矿物名称可分为硅酸盐系水泥、铝酸盐系水泥、硫铝酸盐系水泥、铁铝酸盐系水泥、磷酸盐系水泥等。近年来，随着环境保护意识的不断增强，人们对水泥生产中低碳、节能、利废等的要求不断提高，这也促进了各种生态水泥品种的研发。目前，在土木工程中生产量最大、应用最广的仍是硅酸盐系水泥。因此，本章将以硅酸盐水泥为基础介绍有关水泥的组成、生产过程和性能等，特别是水泥在制备混凝土时的水化过程、水泥水化产物、水泥浆体结构等知识。

一、硅酸盐水泥的生产

硅酸盐水泥（也常称为波特兰水泥）是硅酸盐系水泥的一个基本品种，其他品种的硅酸盐类水泥，都是在此基础上加入一定量的混合材料，或者适当改变水泥熟料的成分而形成的。

硅酸盐系水泥是以硅酸钙为主要成分的水泥熟料、一定量的混合材料和适量石膏共同磨细而成，按其性能和用途不同，又可分为通用水泥、专用水泥和特性水泥三大类。

通用水泥是指大量用于一般土木建筑工程中的水泥；专用水泥是指用于各类有特殊要求的工程中的水泥；特性水泥是指具有某些特殊性能的水泥。

（一）硅酸盐水泥生产工艺简介

1. 水泥的主要原料

硅酸盐水泥的主要原料是石灰质原料（主要提供氧化钙）和黏土质原料（主要提供氧化硅和氧化铝，也部分提供氧化铁），我国黏土质原料及煤炭灰分一般含氧化铝较高，含氧化铁不足。因此，使用天然原料的水泥厂大多需用铁质校正原料，另外还有辅助的熔剂原料和矿化剂。

（1）石灰质原料

石灰质原料作为水泥生产的主要原料，占水泥生料的80%左右，天然的石灰质原料有石灰石、泥灰岩、白垩、贝壳等。我国大部分水泥厂使用石灰石和泥灰岩，其主要成分为$CaCO_3$，纯石灰石 CaO 最高含量为56%，其品位也由 CaO 含量来决定。

石灰石中夹杂的黏土物质，使石灰石成分波动大，严重时必须剔除。熟料中的 MgO 来源于石灰石中的白云石（$CaCO_3 \cdot MgCO_3$），为了保证水泥中氧化镁含量小于规定值，应对石灰石中的氧化镁含量给予足够的重视。石灰石中的碱和硫会影响煅烧和水泥熟料质量，石灰石中夹杂的燧石（结晶二氧化硅）质地坚硬，难以磨细和煅烧，对窑、磨产量和熟料质量不利，也是有害成分，对其含量应予以控制。

除了天然石灰质原料外，电石渣、碱渣、白泥等，其主要成分都是碳酸钙，均可用作石灰质原料，但应注意其中杂质的影响。

（2）黏土质原料

黏土质原料主要提供SiO_2和Al_2O_3，天然黏土质原料有黄土、黏土、页岩、泥沙、粉砂岩及河泥等。工业废料如粉煤灰、赤泥、高炉矿渣等也都可以用作提供SiO_2和Al_2O_3的原料，使用时对其中Al_2O_3/SiO_2的比例有一定的要求：

$SiO_2/(Al_2O_3+Fe_2O_3)$约为2.5～3.5，最好在2.7～3.1；

Al_2O_3/Fe_2O_3约为1.5～3.0。

此外，黏土质原料中的有害成分为碱、氧化镁和三氧化硫。

（3）辅助原料

石灰质原料主要提供 CaO，黏土质原料主要提供 SiO_2、Al_2O_3 及少量的 Fe_2O_3，当这两种原料按任何比例配合均达不到所要求的组成时，常用辅助原料以校正 Fe_2O_3 或 SiO_2 的不足。辅助原料分为硅质、铝质和铁质三种校正原料，硅质校正原料常用的有砂岩、河砂、粉砂岩等；铝质校正原料主要是电厂粉煤灰；铁质校正原料有硫铁矿渣、铜、铅矿渣等。

（4）矿化剂

为降低水泥生料煅烧温度，使煅烧时的熔融物（又称液相）增多，有利于水泥熟料质量的提高，还常加入一些矿化剂，如石膏、萤石以及一些含微量元素的尾矿。在使用矿化剂时，必须注意其中一些有害物质可能对生态环境产生污染，因此需要严格控制使用。

2. 水泥的生产工艺

典型的水泥生产工艺流程主要有干法回转窑生产工艺流程、湿法回转窑生产工艺流程、半干法生产工艺流程、立窑生产工艺流程四种。水泥生产过程可分为制备生料、煅烧熟料、粉磨水泥三个主要阶段。该生产工艺过程简述如下：石灰质原料和黏土质原料按适当的比例配合，有时为了改善烧成反应过程还加入适量的铁矿石和矿化剂，将配合好的原材料在磨机中磨成生料；然后将生料入窑煅烧成熟料。将适当成分的生料，煅烧至部分熔融得到以硅酸钙为主要成分的物料称为硅酸盐水泥熟料。

水泥生料的配合比例不同，将直接影响硅酸盐水泥熟料的矿物成分比例和主要技术性能，水泥生料在窑内的烧成（煅烧）过程是保证水泥熟料质量的关键。熟料再配以适量的石膏，或根据水泥品种要求掺入混合材料，入磨机磨至适当细度即制成水泥。

（二）硅酸盐水泥熟料的形成化学

水泥生料入窑煅烧成熟料，熟料的煅烧是水泥生产中的中心环节，影响着水泥生产的产量、质量、燃料与耐火材料的消耗和窑的长期安全运转。水泥熟料的形成与煅烧制度、物料之间的相互反应、窑内气氛及冷却速度等直接相关，也正是对熟料形成过程不断地了解和研究，促使水泥工业新技术不断向前推进。

1. 熟料形成过程

水泥生料在水泥窑内，由常温加热到 1400～1500 ℃的高温下进行着复杂的物理化学和热化学反应过程。在煅烧过程结束后形成各种矿物，从外观上看物料大部分已烧成了 10～20 mm 的颗粒，这就称之为硅酸盐水泥熟料。

（1）生料的干燥与脱水

生料中自由水的蒸发称为干燥，生料中黏土矿物分解并放出其化合水称为脱水。生料中自由水的含量因生产方法和窑型的不同而差别很大，自由水蒸发耗热巨大，每千克水蒸发潜热高达 2275 kJ。

黏土矿物的化合水有两种：一种以 OH^- 离子状态存在于晶体结构中，称为晶体配位水；一种以水分子状态吸附在晶层结构间，称为晶层间水或层间吸附水。所有的黏土矿物都含有配位水；蒙脱石还含有层间水；伊利石的层间水因风化程度而异。黏土脱水首先在粒子表面发生，接着向粒子中心扩展。对于高分散度的微粒，由于比表面积大，一旦脱水在粒子表面开始，就立即扩展到整个微粒并迅速完成。对于接近 1 mm 的较粗粒度的黏土，因粒度大，比表面积小，脱水从粒子表面向纵深的扩散速度较慢，因此颗粒内部扩散速度控制整个煅烧过程。

温度升至 500～600 ℃时，黏土中主要矿物高岭土发生脱水分解反应。其在失去化学结合水的同时，本身晶体结构也受到破坏，生成无定型的偏高岭土，其具有较大的反应活性，当提高温度，一旦形成稳定的莫来石，则其反应活性降低。如果采用快速煅烧制度，虽然温度较高，但由于来不及形成稳定的莫来石，因此其产物仍可处于活性状态。

（2）碳酸盐的分解

生料中碳酸盐主要有碳酸钙和碳酸镁，其反应如下：

$$MgCO_3 \longrightarrow MgO + CO_2 \uparrow$$ （590 ℃时）

$$CaCO_3 \longrightarrow CaO + CO_2 \uparrow$$ （890 ℃时）

碳酸盐的分解反应有以下特点：首先，其是可逆反应，受系统温度和周围介质中 CO_2 的分压的影响，CO_2 的浓度和分解温度之间存在着一定的关系，如 CO_2 分压和温度处于平衡状态，使反应向正向或逆向进行，所以为了使分解反应顺利进行，必须保持较高的反应温度，降低周围介质中 CO_2 分压或减少 CO_2 的浓度。其次，碳酸盐分解时，需要吸取大量的热能，是熟料形成过程中消耗热量最多的一个工艺过程。分解所需热量约占湿法生产总热耗的 1/3，约占新型干法窑热耗的 1/2。因此，为保证碳酸钙分解反应能完全地进行，必须提供足够的热量。最后，碳酸盐分解反应的起始温度较低，约在 600 ℃时碳酸镁分解，而碳酸钙开始有微弱的分解，至 894 ℃时，分解速度加快，1100～1200 ℃时分解极为迅速。

碳酸盐的分解分两个阶段进行。先进入动力学阶段，其速率取决于 CaO 晶核的形成能量和其浓度。然后进入扩散阶段，其速率取决于 $CaCO_3$ 颗粒表面形成的 CaO 外壳的厚度和 CO_2 通过这一外壳的扩散速度。$CaCO_3$ 颗粒表面首先受热达到分解温度后进行分解，排出 CO_2。随着过程的进行表层变为 CaO，分解反应逐步向颗粒内部推进。颗粒内部的分解反应可分为下列五个过程：

①气流向颗粒表面的传热过程。

②热量由表面以传导方式向分解面传递的过程。

③碳酸钙在一定的温度下，吸收热量，进行分解并放出 CO_2 的化学过程。

④分解放出的 CO_2 穿过 CaO 层向表面扩散的传质过程。

⑤表面的 CO_2 向周围介质气流扩散的过程。

当碳酸钙颗粒尺寸小于 30 μm 时，由于传热和传质过程的阻力都比较小，因此分解速度和分解所需要的时间，将决定于化学反应所需要的时间。当粒径大约为 0.2 cm 时，传热、传质的物理过程与分解反应化学过程具有同样重要的地位。当粒径约等于 1.0 cm 时，传热和传质过程占主导地位，而化学过程降为次要地位。

影响碳酸钙分解反应的因素有以下几个方面：

①石灰石的种类和物理性质：结构致密、质点排列整齐、结晶粗大、晶体缺陷少的石灰石，分解速度慢；质地松软的白垩和内含其他组分较多的泥灰岩，则分解反应容易。

②生料细度和颗粒级配：生料细度细、颗粒均匀、粗粒少，使传热和传质速度加快，有利于分解反应。

③温度：随温度的升高，分解反应速度加快，但应注意温度过高，将增加废气温度和热耗，预热器和分解炉的结皮、堵塞的可能性也大。

④窑系统的 CO_2 分压：通风良好，促使 CO_2 扩散速度加快，CO_2 分压较低，有利于碳酸钙的分解。

⑤生料的悬浮分散程度：生料悬浮分散差，相对增大了颗粒尺寸，减少了传热面积，降低了碳酸钙分解速度。因此，生料悬浮分散程度是决定分解速度的一个非常重要的因素。这也是在悬浮预热器和分解炉内的碳酸钙分解速度较回转窑、立窑和立波尔窑内快的主要原因之一。

⑥黏土质组分的性质：如黏土质原料的主导矿物是活性大的高岭土，由于其容易与分解产物 CaO 直接进行固相反应生成低钙矿物，从而加速 $CaCO_3$ 的分解速度。

（3）固相反应

在生料煅烧过程中，碳酸盐分解的组分与黏土分解的组分通过质点之间相互扩散的反应称为固相反应。固相反应的过程比较复杂，其过程大致如下：

$$CaO + Al_2O_3 \longrightarrow CaO \cdot Al_2O_3 \text{ (CA)}$$

$$CaO + Fe_2O_3 \longrightarrow CaO \cdot Fe_2O_3 \text{ (CF)}$$

$$2CaO + SiO_2 \longrightarrow 2CaO \cdot SiO_2 \text{ (}C_2S\text{)}$$

在 1250 ℃以下由于液相没有形成，反应总是在两种组分的界面上，通过颗粒之间的直接接触点或接触面进行。碳酸钙分解产物 CaO 和铝硅酸盐等的分解产物 SiO_2、Al_2O_3 和 Fe_2O_3 之间通过双向扩散进行固相反应。扩散途径首先发生在接触颗粒的外表面上，继而转移到颗粒间的界面上，最后转移到颗粒内部。因此接受 CaO 扩散的 SiO_2、Al_2O_3 和 Fe_2O_3 颗粒的大小控制着这些固相反应的动力学过程。黏土中的石英碎屑、砂岩中的石英等反应性都很差。因此，在原料选择中，力求避免采用粗晶石英。有资料推荐，生料中石英、长石和方解石颗粒的最大粒径，应分别控制在 44 μm、63 μm 和 125 μm。

影响固相反应的主要因素有以下几个方面：

①生料的细度和均匀性。生料越细，则其颗粒尺寸越小，比表面积越大，各组分之间接触面积越大，同时表面的质点自由能也大，使反应和扩散能力增加，因此反应速度加快。但是，当生料磨细到一定程度后，如果继续再细磨，则对固相反应速度的影响不明显，而磨机产量却会大大降低，粉磨电耗剧增。因此，必须综合平衡，优化控制生料细度。生料各组分的均匀混合，有利于增加组分之间的接触，从而加速固相反应的进行。

②温度和时间。当温度较低时，固体的化学活性低，质点的扩散和迁移速度很慢，因此，固相反应通常需要在较高的温度下进行，提高反应温度，可加速固相反应。由于固相反应时离子的扩散和迁移需要时间，因此必须要有一定的时间才能使固相反应进行完全。

③原料的性质。如果相互进行固相反应的物质都处于晶型转变或刚分解的新生态时，由于其质点间的相互作用较弱，因此，其固相反应的速度较快，耗能较低。

④矿化剂。能加速结晶化合物的形成，使水泥生料易烧的少量外加物称为矿化剂。加入矿化剂可以通过与反应物形成固溶体而使晶格活化，从而增加反应能力；或是与反应物形成低共熔物，使物料在较低的温度下出现液相，加速扩散和对固相的溶解作用；或是可促使反应物断键而提高反应物的反应速度。因此，加入矿化剂可以加速固相反应速度。

（4）液相烧结和熟料结晶

占硅酸盐水泥熟料45%～65%的C_3S（硅酸三钙的简写，全拼为$3CaO \cdot SiO_2$）是在熟料液相出现后形成的，它由已形成的C_2S（硅酸二钙的简写，全拼为$2CaO \cdot SiO_2$）和未结合的CaO在液相中扩散反应所生成，熔体含量有限又极黏稠，便只能形成熟料球那样的烧结产物。其反应式如下：

$$C_2S + CaO \longrightarrow C_3S$$

C_3S的形成过程与熟料的液相密切相关，液相的温度、液相量、液相的黏度、表面张力及C_2S、CaO溶解于液相的速度等影响着C_3S的形成。

（5）熟料的冷却

水泥熟料冷却的目的在于回收熟料带走的热量，预热二次空气，提高窑的热效率；迅速冷却熟料以改善熟料质量与易磨性；降低熟料温度，便于熟料的运输、储存与粉磨。物料经1250 ℃～1450 ℃～1250 ℃烧结，紧接着将其快速冷却可得到最好的熟料。

熟料在冷却时，形成的矿物还会进行相变，其中贝利特转化为y型和贝利特分解，对熟料质量有重要影响。冷却速度快并固溶一些离子等可以阻止相变。硅酸三钙在1250 ℃以下不稳定，会分解为硅酸二钙和二次游离氧化钙，降低水硬性，但不影响安定性。贝利特的分解速度十分缓慢，只有当冷却速度很慢，且伴随还原气氛时，分解才加快。方镁石晶体大小对水泥的安定性影响很大，晶体越大，影响越严重。不影响安定性的方镁石晶体的最大尺寸为5～8 μm，而熟料慢冷时，方镁石尺寸可达60 μm。试验表明：含4%5 μm的方镁石与含1%30～60 μm方镁石晶体的水泥，在压蒸釜试验中呈现出的膨胀率相近。熟料急冷时C_3A（铝酸三钙的简写，全拼为$3CaO \cdot Al_2O_3$）主要呈玻璃体，因而抗硫酸盐溶液侵蚀的能力较强。熟料慢冷将促使熟料矿物晶体长大，贝利特晶体的大小不仅影响熟料的易磨性，而且影响水泥的水化速度和活性。煅烧良好和急冷的熟料保持细小并发育完整的贝利特晶体，从而使水泥强度较高。急冷熟料的玻璃体含量较高，且其矿物晶体小，这使熟料的粉磨比慢冷熟料要容易得多。

2. 微量元素的矿化作用

水泥生料中的微量组分来自原、燃料本身或少量外加物，虽然数量不多，但往往对熟料产生的影响很大，作为熔剂的作用是降低液相出现的温度，而作为矿化剂的功能在于加速固相与固、液相间的化学反应。

MgO 含量在水泥生料中被控制在一定的范围内，其可使生料液相出现时的温度降低 10℃左右，增加液相数量，降低液相黏度，有利于熟料的烧成，还能改善水泥色泽。硅酸盐水泥熟料中，其固溶量与溶解于玻璃相中的总 MgO 量约为 2%，多余的氧化镁呈游离状态，以方镁石存在，因此氧化镁含量过高时影响水泥安定性。

Cr_2O_3 含量在 2%以下时，会降低熟料黏度，加速 C_3S 的形成速率并有助于晶体发育，超过这个限度，就会导致硅酸三钙分解为硅酸二钙和游离氧化钙。

ZnO 可阻止 β-C_2S 向 γ-C_2S 转化，并促进贝利特的形成；加入少量的 ZnO（小于 1%～2%），可改善水泥的早期强度、降低需水量、提高水泥强度；若 ZnO 掺入过多会影响水泥的强度以及出现凝结不正常的现象。

TiO_2 不仅可有效地降低液相形成的温度，还可降低液相黏度和表面张力，其可进入熟料相的固溶体中，对 β-C_2S 起稳定作用，提高水泥强度。但含量过多则因与氧化钙反应生成没有水硬性的钙钛矿（CaO·TiO_2），影响水泥强度。因此，熟料中氧化钛的含量应小于 1.0%。

BaO 和 SrO 都是碱土金属氧化物，它极易取代 CaO 进入熟料矿物晶格，少量 BaO 替代 CaO，阻止贝利特的晶型转化，提高硅酸二钙的活性。熟料中适量的 BaO 可以降低煅烧温度、增加熟料中 C_3S 的含量。锶的氧化物在熟料中既是矿化剂，也是一种提高硅酸二钙活性，防止向 γ-C_2S 转化的稳定剂。

磷酸盐对于熟料的烧成起着强烈的矿化作用，促进氧化钙和磷酸盐生成固溶体。熟料中 P_2O_5 含量在 0.1%～0.15%，水泥的性能最好。过量的 P_2O_5 会使 C_3S 分解，降低水泥的强度和延缓水泥的凝结。

氟化物是应用得最多的一种矿化物质，CaF_2 的加入有多方面的作用：促进碳酸盐分解过程；加速碱性长石、云母的分解过程；加强碱的氧化物的挥发；促进结晶氧化硅（石英、燧石）的 Si-O 键的断裂，有利于固相反应；使硅酸三钙在低于 1200 ℃的温度下形成，硅酸盐水泥熟料可在 1350 ℃左右烧成，其熟料组成中含有 C_3S、C_2S、$C_{11}A_7 \cdot CaF_2$（氟铝酸钙的简写，全拼为 $11CaO \cdot 7Al_2O_3 \cdot CaF_2$），熟料质量良好，安定性合格。掺氟化钙矿化剂的熟料应采取急冷，以防止 C_3S 分解而影响强度。

含碱氧化物的碱主要来源于黏土质原料，在以煤作燃料时也会带入少量碱。熟料中含有微量的碱，能降低最低共熔温度和熟料烧成温度，增加液相量，起助熔作用。在熟料形成过程中，水泥生料中有利于石灰吸收的含碱氧化物的最佳量约为 1%，通常熟料中碱含量以 Na_2O 计应小于 1.3%。若生料中含碱量高时，除了首先与硫结合成硫酸钾、硫酸钠以及有时形成钠芒硝（$3K_2SO_4 \cdot Na_2SO_4$）或钙明矾（$2Ca_2SO_4 \cdot 3K_2SO_4$）等之外，多余的碱则与熟料矿物反应生成含碱矿物和固溶体。

由于这些含碱矿物的形成难以吸收 CaO 形成 C_3S，并增加游离氧化钙的含量，从而影响熟料质量。

此外，微量元素矿化作用的研究对当今水泥工业协同处理各类固体废弃物生产水泥熟料也有积极的借鉴价值。因此，必须充分考虑废弃物中的各种微量元素对水泥熟料生产的影响，在处置利用各类固体废弃物时更好地实现节能减排和保护生态环境。

3. 结皮和结块的形成机理

采用预分解窑煅烧水泥熟料极大地提高了窑内气流对物料的传热效率，但同时也带来了严重的碱、硫、氯的循环富集，这除了导致熟料中碱含量增高外，还影响和干扰预分解窑的正常操作。一般预热器窑、预分解窑和立波窑均不同程度地存在着物料在预热系统中的结皮问题，严重时可引起预热系统的堵塞，导致停窑。国内某些预分解窑上还存在着熟料结大块的问题。窑料结皮原因是由结皮特征矿物钙明矾石（$2CaSO_4 \cdot 3K_2SO_4$）、硅方解石（$2C_2S \cdot CaCO_3$）、硫硅钙石（$2C_2S \cdot CaSO_4$）、多元相钙盐 $Ca_{10}[(SiO_4)_2(SO_4)_2]$（$OH^-$，$Cl^-$，$F^-$）以及硫酸钙（$CaSO_4$）、氯化钾（KCl）、无水硫铝酸钙（$3CA \cdot CaSO_4$）等的一种或数种矿物，以固体结合键和（或）液体结合键的方式黏结尚未反应的方解石、石英等原料组分及反应生成的CaO、β-C_2S、C_2（A，F）、$C_{12}A_7$（七铝酸十二钙的简写，全拼为 $12CaO \cdot 7Al_2O_3$）和 C_3A 等熟料矿物而形成。一般来说，结皮随某些特征矿物的形成而产生，又随其分解而消失。

（三）硅酸盐水泥熟料的组成

水泥的性能主要取决于熟料质量，优质熟料应该具有合适的组成，硅酸盐水泥熟料的组成用化学组成和矿物组成来表示。化学组成是指水泥熟料中氧化物的种类和数量，而矿物组成是由各氧化物之间经反应所生成的化合物或含有不同异离子的固溶体和少量的玻璃体。熟料品质与矿物组成密切相关，但水泥厂常规的化学分析结果却是用各种元素的氧化物来表示，这是因为测定矿物组成需要专门的物相分析仪器和技术。

二、硅酸盐水泥的水化

水泥加适量的水拌和后立即发生化学反应，水泥的各个组分溶解并产生了复杂的物理、化学与物理化学的变化。随后可塑性浆体逐渐失去流动性能，转变为具有一定强度的石状体即为水泥的凝结硬化。水泥的凝结硬化是以水泥的水化为前提的，而水化反应可以持续较长的时间，因此在一般的情况下水泥硬化浆体的强度和其他性质也是在不断变化的。由于水泥是多种矿物的集合体，水化作用比较复杂，不仅各种水泥水化产物互相干扰不易分辨，而且各种熟料矿物的水化又会相互影响，石膏和混合材料的存在将使水化硬化更复杂化。

(一)水泥熟料单矿物的水化

1. 硅酸三钙和硅酸二钙的水化

C_3S在水泥熟料中的含量占50%左右,有时高达60%,硬化水泥浆体的性能在很大程度上取决于C_3S的水化作用、水化产物以及所形成的结构。C_3S在常温下的水化反应,可大致用下列反应式表示:

$$3CaO \cdot SiO_2 + nH_2O \longrightarrow xCaO \cdot SiO_2 \cdot yH_2O + (3-x)Ca(OH)_2$$

上式表明其水化产物是水化硅酸钙和氢氧化钙,式中的x、y分别表示水化硅酸钙固相的CaO/SiO_2分子比(或缩写为C/S比)和H_2O/SiO_2分子比(或缩写为H/S比)。研究表明:在不同浓度的氢氧化钙溶液中,水化硅酸钙的组成是不固定的,与水固比、温度、有无异离子参与等水化条件都有关系。

2. 铝酸三钙的水化

铝酸三钙与水反应迅速,其水化产物的组成与结构受溶液中氧化钙、氧化铝离子浓度和温度的影响很大。常温下水化反应如下:

$$2(3CaO \cdot Al_2O_3) + 27H_2O \longrightarrow 4CaO \cdot Al_2O_3 \cdot 19H_2O + 2CaO \cdot Al_2O_3 \cdot 8H_2O$$

(二)硅酸盐水泥的水化特性

硅酸盐水泥的水化:硅酸盐水泥中多种矿物共同存在,有些矿物在遇水的瞬间,就开始溶解、水化。如果忽略一些次要的和少量的成分,则硅酸盐水泥与水作用后,生成的主要水化产物有水化硅酸钙凝胶(C—S—H)和水化铁酸钙凝胶、氢氧化钙、水化铝酸钙和水化硫铝酸钙晶体。在充分水化的水泥石中,C—S—H凝胶约占70%,$Ca(OH)_2$约占20%,钙矾石和单硫型水化硫铝酸钙约占7%。

但是,硅酸盐水泥的水化是多种矿物共同水化,填充在颗粒之间的液相,实际上不是纯水,而是含有各种离子的溶液。水泥加水后,C_3A立即发生反应,C_3S和C_4AF(铁铝酸四钙的简写,全拼为$4CaO \cdot Al_2O_3 \cdot Fe_2O_3$)也很快水化,而$C_2S$则较慢。几分钟后可见在水泥颗粒表面生成钙矾石针状晶体、无定型的水化硅酸钙以及$Ca(OH)_2$或水化铝酸钙等六方板状晶体。由于钙矾石不断生成，使液相中 SO_4^{2-} 离子逐渐减少并在耗尽之后，就会有单硫型水化硫铝（铁）酸钙出现。如果石膏不足，还有 C_3A 或 C_4AF 剩留，则会生成单硫型水化物和 $C_4(A,F)H_{13}$ 的固溶体，甚至单独的 $C_4(A,F)H_{13}$，再逐渐转变成稳定的等轴晶体 $C_3(A,F)H_6$。

水泥既然是多矿物、多组分的体系，各熟料矿物不可能单独进行水化，它们之间的相互作用必然会对水化进程有一定的影响。例如，由于 C_3S 较快水化，迅速提高液相中的 Ca^{2+} 离子的浓度，促进 $Ca(OH)_2$ 结晶，从而能使 β-C_2S 的水化有所加速。C_3A 和 C_4AF 都要与硫酸根离子结合，但 C_3A 反应速度快，较多的石膏由其消耗掉后，就使 C_4AF 不能按计量要求形成足够的硫铝（铁）酸钙，有可能使水化较少受到延缓。适量的石膏可使硅酸盐的水化略有加速。同时在 C－S－H 内部会结合相当数量的硫酸根以及铝、铁等离子；因此 C_3S 又要与 C_3A、C_4AF 一起共同消耗硫酸根离子。可见水泥的水化过程非常复杂，液相的组成，各离子的浓度依赖水泥中各组成的溶解度，而液相组成反过来影响各熟料矿物的水化，因此在水泥水化过程中，固、液两相处于随时间而变的动态平衡之中。

三、硅酸盐水泥的凝结与硬化

（一）硅酸盐水泥的凝结硬化过程

水泥加水拌和后，成为可塑性的水泥浆，随着水化反应的进行，水泥浆逐渐变稠失去流动性而具有一定的塑性强度，称为水泥的“凝结”；随着水化进程的推移，水泥浆凝固成具有一定的机械强度并逐渐发展而成坚固的人造石——水泥石，这一过程称为“硬化”。水泥的凝结硬化是一个连续复杂的物理化学过程。

一般按水化反应速率和水泥浆体结构特征分为初始反应期、潜伏期、凝结期和硬化期四个阶段。

1. 初始反应期

水泥与水接触立即发生水化反应，C_3S水化生成的$Ca(OH)_2$溶于水中，溶液pH值迅速增大至13，当溶液达到过饱和后，$Ca(OH)_2$开始结晶析出。同时暴露在颗粒表面的C_3A溶于水，并与溶于水的石膏反应，生成钙矾石结晶析出，附着在水泥颗粒表面。这一阶段大约经过10 min，约有1%的水泥发生水化。

2. 潜伏期

在初始反应期之后，有1～2 h的时间，由于水泥颗粒表面形成水化硅酸钙溶胶和钙矾石晶体构成的膜层阻止了与水的接触，使水化反应速度很慢，这一阶段水化放热小，水化产物增加不多，水泥浆体仍保持塑性。

3. 凝结期

在潜伏期中，由于水缓慢穿透水泥颗粒表面的包裹膜，与矿物成分发生水化反应，而水化生成物穿透膜层的速度小于水分渗入膜层的速度，形成渗透压，导致水泥颗粒表面膜层破裂，使暴露出来的矿物进一步水化，结束了潜伏期。水泥水化产物体积约为水泥体积的2.2倍，生成的大量水化产物填充在水泥颗粒之间的空间里，水的消耗与水化产物的填充使水泥浆体逐渐变稠失去可塑性而凝结。

4. 硬化期

在凝结期以后进入硬化期，水泥水化反应继续进行使结构更加密实，但放热速度逐渐下降，水泥水化反应越来越困难，一般认为以后的水化反应是以固相反应的形式进行的。在适当的温度、湿度条件下，水泥的硬化过程可持续若干年。水泥浆体硬化后形成坚硬的水泥石，水泥石是由凝胶体、晶体、未水化完的水泥颗粒及固体颗粒间的毛细孔所组成的不匀质结构体。

水泥硬化过程中，最初的3 d强度增长幅度最大，3～7 d强度增长率有所下降，7～28 d强度增长率进一步下降，28 d强度已达到最高水平，28d 以后强度虽然还会继续发展，但强度增长率却越来越小。

（二）硅酸盐水泥凝结硬化的影响因素

1．水泥组成成分的影响

水泥的矿物组成成分及各组分的比例是影响水泥凝结硬化的最主要因素。如前所述，不同矿物成分单独与水起反应时所表现出来的特点是不同的。如水泥中提高 C_3A 的含量，将使水泥的凝结硬化加快，同时水化热也大。一般来讲，若在水泥熟料中掺加混合材料，将使水泥的抗侵蚀性提高，水化热降低，早期强度降低。

2．石膏掺量

石膏称为水泥的缓凝剂，主要用于调节水泥的凝结时间，是水泥中不可缺少的组分。水泥熟料在不加入石膏的情况下与水拌和会立即产生凝结，同时放出热量。其主要原因是由于熟料中的 C_3A 很快溶于水中，生成一种促凝的铝酸钙水化物，使水泥不能正常使用。石膏起缓凝作用的机理：水泥水化时，石膏很快与 C_3A 作用产生很难溶于水的水化硫铝酸钙（钙矾石），它沉淀在水泥颗粒表面形成保护膜，从而阻碍了 C_3A 的水化反应并延缓了水泥的凝结时间。

石膏的掺量太少，缓凝效果不显著，过多的掺入石膏其本身会生成一种促凝物质，反而使水泥快凝。适宜的石膏掺量主要取决于水泥中 C_3A 的含量和石膏中 SO_3 的含量，同时也与水泥细度及熟料中 SO_3 的含量有关。石膏掺量一般为水泥质量的 3%～5%。若水泥中石膏掺量超过规定的限量时，还会引起水泥强度降低，严重时会引起水泥体积安定性不良，使水泥石产生膨胀性破坏。所以国家标准规定，硅酸盐水泥中 SO_3 总计不得超过水泥质量的 3.5%。

3．水泥细度的影响

水泥颗粒的粗细直接影响水泥的水化、凝结硬化、强度及水化热等。这是因为水泥颗粒越细，总表面积越大，与水的接触面积也大，因此水化迅速，凝结硬化也相应增快，早期强度也高。但水泥颗粒过细，易与空气中的水分及二氧化碳反应，致使水泥不宜久存，过细的水泥硬化时产生的收缩也较大，水泥磨得越细，耗能多，成本高。通常，水泥颗粒的粒径在 7～200 μm（0.007～0.2 mm）范围内。

4. 养护条件（温度、湿度）的影响

养护环境有足够的温度和湿度，有利于水泥的水化和凝结硬化过程，有利于水泥的早期强度发展。如果环境湿度十分干燥时，水泥中的水分蒸发，导致水泥不能充分水化，同时硬化也将停止。严重时会使水泥石产生裂缝。

通常，养护时温度升高，水泥的水化加快，早期强度发展也快。若在较低的温度下硬化，虽强度发展较慢，但最终强度不受影响。但当温度低于 0℃以下时，水泥的水化停止，强度不但不会增长，甚至会因水结冰而导致水泥石结构破坏。

实际工程中，常通过蒸气养护、压蒸养护来加快水泥制品的凝结硬化过程。

5. 养护龄期的影响

水泥的水化硬化是一个较长时期内不断进行的过程，随着水泥颗粒内各熟料矿物水化程度的提高，凝胶体不断增加，毛细孔不断减少，使水泥石的强度随龄期增长而增加。实践证明，水泥一般在 28 d 内强度发展较快，28 d 后增长缓慢。

6. 拌和用水量的影响

在水泥用量不变的情况下，增加拌和用水量，会增加硬化水泥石中的毛细孔，降低水泥石的强度，同时延长水泥的凝结时间。所以在实际工程中，水泥混凝土调整流动性大小时，在不改变水灰比的情况下，增减水和水泥的用量（为了保证混凝土的耐久性，规定了最小水泥用量）。

7. 外加剂的影响

硅酸盐水泥的水化、凝结硬化受水泥熟料中 C_3S、C_3A 含量的制约，凡对 C_3S 和 C_3A 的水化能产生影响的外加剂，都能改变硅酸盐水泥的水化、凝结硬化性能。如加入促凝剂（$CaCl_2$、Na_2SO_4 等）就能促进水泥水化硬化，提高早期强度。相反，掺加缓凝剂（木钙糖类等）就会延缓水泥的水化、硬化，影响水泥早期强度的发展。

8. 储存条件的影响

储存不当，会使水泥受潮，颗粒表面发生水化而结块，严重降低强度。即使良好的储存，在空气中的水分和 CO_2 作用下，也会发生缓慢水化和碳化，经过 3 个月，强度降低 10%～20%，6 个月降低 15%～30%，1 年后将降低 25%～40%，所以水泥的有效储存期为 3 个月，不宜久存。

四、硬化水泥浆体

由于混凝土的性能经常依赖水泥浆体的性能，因此有关硬化水泥浆体（HCP）组织构造的知识对于结构—性能关系的建立是很关键的，新拌水泥浆体的结构对硬化水泥浆体的结构和性能影响也很大，新拌水泥浆体从可塑状态转变为坚固石状体，故有时将硬化的水泥浆体称为水泥石。

硬化水泥浆体是一个很复杂的体系，这一体系具有以下特点：

（1）包括了固、液、气（孔）三相，而且各状态相中又不是单一的组成。

（2）从宏观、细观到微观看，水泥硬化浆体都是不均匀的，水化物的组成、结晶程度、颗粒大小、气孔大小和性质等方面都存在差别。

（3）水泥硬化浆体结构随条件而变化，如水/灰比大小、外界温度、湿度和所处的环境等。

（4）随水化时间，也就是制成混凝土后，结构应随时间而变化，这些特点就为研究水泥硬化浆体的结构带来一定的困难。

五、废弃物在水泥生产中的资源化利用

水泥工业可以实现对各种固体废弃物以及它们的焚烧灰的资源化利

用，通过对其进行资源化处理，不仅可以实现废弃物的减量化，有利于生态环境的保护，而且通过废弃物的再生利用，可以进一步实现废弃物的无害化、产业化和社会化的长远战略目标，为全社会的节能减排作出重要贡献。

目前废弃物在水泥中的利用主要有三个方面：水泥原料、水泥生产用燃料和水泥混合材。

（一）用作水泥原料

硅酸盐水泥是制造和使用最多的水泥，其主要原料是石灰质原料和黏土质原料。而石灰石是水泥生产最重要的原料。2019 年我国水泥产量 23.3 亿吨，若按照 1 吨水泥消耗石灰石 1.3 吨计算，每年消耗石灰石量为 30.3 亿吨。从水泥产业的可持续发展角度出发，一方面要深挖潜力，提高水泥原料的利用率；另一方面通过科学的方法寻找新的原料或其替代品。

目前，废弃物作为水泥代用原料做得比较好的主要有城市垃圾和城市污泥以及一些工业废渣等，而利用废旧混凝土通过再生循环生产水泥原料的技术也取得了一定的进展。

1. 城市垃圾

城市垃圾一般是指城市居民的生活垃圾、商业垃圾、市政管理和维护中所产生的垃圾。目前，随着城市化进程日益加快，城市规模的不断扩大，城市人口急剧增加，产生的城市垃圾也越来越多。据统计，2018 年全世界产生 73 亿吨垃圾，仅中国就产生近 2.28 亿吨城市垃圾，中国城市生活垃圾累计堆存量已超过 80 亿吨，侵占的土地达 5.4 亿平方米，且垃圾产生量仍以 5%～8%的速度增长，占地量以平均每年 4.8%的速度持续增长。近年来，虽然城市垃圾的无害化处理量逐年增加，但仍有大量的垃圾未经处理，堆积在城郊，污染了环境，且危害人们的健康。

目前，对城市垃圾的处理，方法主要有填埋法、堆肥法和焚烧法。填埋法占地大，资源化程度低，容易产生二次污染，而堆肥法规模小，周期长，质量不稳定。焚烧法可以达到垃圾处理的减容化和资源化的目的，但烟气中的有害成分需处理，增加投资，如处理不当，可能造成由城市垃圾污染转变成对大气的污染。

利用水泥熟料烧成系统处理城市垃圾是近年水泥行业提出的一条新的垃圾处理途径。水泥窑炉具有燃烧炉温高和处理物料量大等特点，且水泥厂均配备有大量的环保设施，是环境自净能力强的装备。而城市生活垃圾、污泥的化学特性与水泥生产所用的原料基本相似。在垃圾焚烧灰的化学成分中，一般80%以上的矿物质是水泥熟料的基本成分（CaO、SiO_2、Al_2O_3 和 Fe_2O_3），从理论上推知应该具有胶凝性，因而具备了作为水泥的原料的可行性。同时，该法还可以将有害的灰渣和重金属固化在水泥熟料中，解决了焚烧法处理垃圾最棘手的重金属处置问题。合肥水泥研究设计院和同济大学合作已经在利用水泥窑协同处理城市生活垃圾方面进行了成功的工业试验，在灰渣、热能用于水泥生产的城市生活垃圾焚烧技术及装备的研究方面取得了突破。

因此，可以通过对垃圾的预处理、原料成分配比控制和对水泥生产工艺流程的调整，实现对城市垃圾的综合利用。真正做到垃圾处理的“三化”目标，即“以减量化为基础、以无害化为主体、以资源化为目标”，实现资源的再利用和经济的可持续发展。

2. 城市污泥及其焚烧灰渣

在污水处理过程中，必然会产生大量污泥，其数量约占处理水量的0.5%左右（以含水率97%计）。污泥中含有大量的有机组分，N、P等营养成分，病原微生物和有毒物质，在很短的时间内就会变为腐臭的令人厌恶的物质。随着人口的增加，下水道系统的进一步完善，更多的工业废水排入城市下水道系统，以及污水处理程度的提高，污泥量日益增加，因此，污泥的处理处置问题更加引起人们的关注。

污泥的处理一般分为污泥无害化和污泥利用，大多数情况下两者是联合使用的。污泥无害化有填埋、投海、焚烧和湿式氧化等。污泥利用包括农用、裂解制油、制水泥、做复合肥黏结剂、提取蛋白质和作为动物饲料等。目前世界范围内常用的污泥处理方法有农用、低温热解、填埋、投海、焚烧等。由于一般的填埋技术需专用的场址，且场址面积也要求较大，需要较高的运输和处理费用，并且填坑中含有各种有毒有害物质，会通过雨水的侵蚀和渗漏作用污染地下水环境，这对以地下水为生活水源的地区来说是个严重问题。而投海只是一种权宜之计，并没有从根本上解决环境污染问题。农用是一种积极、有效、有前途的污泥处置方式，但是污泥中不可避免地也会含有一些有害成分，如各种病原菌、寄生虫卵以及铜、铝、锌、铬、砷、汞等重金属和多氯联苯等难降解的有毒有害物质，这很大程度上影响污泥农用处理。

国外寻求污泥材料的利用已有许多年，在这一过程中，通过不断的对比实验，目前已经找到了用污泥作为原料生产水泥的办法，即利用污泥焚烧灰作为水泥生产的原料。通过测试分析，发现污泥焚烧灰与普通水泥的组成上的一些共性。污泥焚烧灰的 CaO 含量较低，因此焚烧灰要与一定量的石灰或石灰石混合，经煅烧后制成焚烧灰水泥的 CaO 虽然还是略偏低，但并不影响水泥质量。而 SO_3 的含量在污泥中较高，制成焚烧灰水泥后有所降低，但其含量也不影响水泥质量。焚烧灰水泥中其他成分的含量则与普通水泥基本相似，从总体而言，由污泥焚烧灰加石灰或石灰石制成的生态水泥，其各种强度符合水泥工业的要求。

我国的科研工作者在污泥代用原料方面也做过不少工作，有研究人员将苏州河底泥全部代替黏土质原料进行了煅烧试验，烧成制度与普通熟料相同。生产出的熟料凝结时间正常，安定性合格。测试结果表明熟料以 C_3S、C_2S、C_2A 和 C_4AF 为主导矿物，岩相结构和普通水泥熟料基本相同，熟料中 f-CaO 和方镁石很少，具有优良熟料的特征。

3. 工业废渣

工业废渣是在工业生产和工业加工过程中以及燃料燃烧、矿物开采、交通运输、环境治理过程中所丢弃的固体、半固体物质的总称。据中国环境公报统计，在各类工业废渣中，排前五位的分别是尾矿、煤矸石、粉煤灰、炉渣、冶炼废渣，占总量近90%，这些都可作为水泥工业的原材料使用。然而除高炉矿渣利用率达80%以上，其他工业废渣的利用率并不高。而这里大部分是用于水泥混合材的生产，用于水泥原料生产的比例很低。根据工业废渣自身的化学成分，工业废渣一般用于代替以下水泥的原料组分。

（1）代替黏土做组分配料。包括粉煤灰、煤矸石、炉渣、金属尾矿、赤泥等，根据实际情况可部分或全部代替。煤矸石、炉渣不仅带入化学组分，而且还可带入部分热量。

（2）代替石膏做矿化剂。包括磷石膏、氟石膏、盐田石膏、环保石膏、柠檬酸渣等，因其含有三氧化硫、磷、氟等都是天然的矿化成分，且 SO_3 含量高达40%以上，可全部代替石膏。

（3）代替熟料做晶种。包括炉渣、矿渣、钢渣等，可全部代替。

（二）用作水泥生产用燃料

1. 可燃性燃料的使用原则

水泥工业二次燃料的选用必须符合下列原则。

（1）代替常规燃料后能产生经济效益

这些废料必须有足够的热值，达到部分取代常规燃料后所节省的燃料费用足以支付废料的收集、分类、加工、储运的成本。显然，热值越高，被应用的可能性就越大，通常应在16720 kJ/kg以上。以下各种废料所含的热量分别是：轮胎37620 kJ/kg左右，塑料、油、油墨4180 kJ/kg以上，动物肉和骨的混合物25080 kJ/kg左右，而纸、木屑为16720 kJ/kg左右。可供量应该不少于单窑用煤量的10%，否则可能产生不经济的结果。

（2）必须适应水泥窑的工艺流程需要

可燃废料的形态水分含量、燃点等都会决定使用过程的工艺流程设计，而这个设计必须与原有水泥窑的工艺流程很好地配合。另外，新型

干法窑需严格控制 Na_2O、K_2O、Cl^- 等有害成分的含量，不以影响工艺要求为准。

（3）符合环保的原则

尽管目前世界上使用的二次燃料对大气排放不产生新的污染，对制成的混凝土也无影响，但仍然强调在使用二次燃料时，必须确保符合无害排放和对产品无害的重要原则。

2. 可燃性燃料的分类

按照使用的二次燃料的物理形态，可分为固体燃料、污泥状废料和液体废料。

（1）固体废料。炭黑、干洗废料、复印机粉、活性炭、树脂、橡胶、轮胎、木渣等。

（2）污泥状废料。废油漆、涂料、化妆品油、印刷油墨、储油罐底泥等。

（3）液体废料。废溶剂类（丙酮、丁酮、乙醇、甲基甲苯、二甲苯、汽油类溶剂、三氯乙烷二氯甲烷、四氯乙烯等）、废油及其产品、溶剂蒸馏釜底物、环氧树脂、胶黏剂及胶、油墨及其他废燃料等。

3. 可燃性燃料的利用技术进展

目前，可燃废弃物中对水泥工业最具挑战性的当属城市垃圾，因其数量大而且增长很快，所以备受关注。合肥水泥研究设计院和同济大学合作，在利用水泥窑协同处理城市生活垃圾方面进行了成功的工业试验，在灰渣、热能用于水泥生产的城市生活垃圾焚烧技术及装备的研究方面取得了突破。如上海建材集团、北京建材集团也在水泥回转窑上进行了一系列利用可燃性废弃物的试验工作。如上海建材集团总公司所属万安企业总公司利用上海先灵葆制药有限公司生产氟洛氛产品过程中产生的氟洛氛废液（含氟异丙醇，按照危险废弃物的定义，它是一种有害废物）进行了替代部分燃料生产水泥的试验。万安企业总公司采用的技术路线是：液体废料储存在专用储库内，然后用泵从窑头将其直接送入窑内燃烧；将其他固体废料与煤一起入煤磨，与煤粉混用；将半固体的废料装入小编织袋，每袋5 kg，用本厂开发的“窑炮”从窑头打入烧成带焚烧，目前已经做到节能25%。上海市环境监测中心对试烧过程中排放的废气进行了跟踪监测，测试结果表明，废气中的有害成分含量均低于上海市的排放标准，不存在对大气污染的问题；经中国建材研究院测试中心测定，试烧的水泥产品质量指标均在国家标准控制范围内，说明掺烧一定比例的氟洛氛废液，对水泥产品质量无影响，对环境大气也无污染。与填埋和焚烧炉回收二次能源等方法相比，效果非常理想。

（三）用作水泥混合材

利用废弃物特别是工业废渣作为水泥混合材已经有很长的历史，并且取得非常好的综合效应。其中，粉煤灰硅酸盐水泥和矿渣硅酸盐水泥已经是我国水泥的六大体系中不可或缺的两大组成部分。用作水泥混合材料的工业废渣主要有煤矸石、粉煤灰、炉渣、冶炼废渣、部分金属尾矿等。水泥工业大量利用固体工业废渣，经济效益和社会效益非常显著。利用废弃物混合材既可以减少水泥熟料用量，降低水泥生产成本，又能通过对废弃物的再生利用，减少对环境的污染，同时还可以改善水泥的性能，使水泥产品能够满足不同场合的需求。目前，国家大力发展和推广使用高性能混凝土（High Performance Concrete，HPC），而高性能混凝土的一个重要标志就是必须掺有辅助性胶凝材料：粉煤灰、矿渣、硅灰等。由此可见，使用废弃物来生产水泥混合材已经由“可能”变为“必须”了。

1．粉煤灰

煤粉在电厂锅炉燃烧过程中，碳和挥发物被烧掉后，剩下的矿物质如黏土、页岩、石英等经烧至熔融，悬浮在炉烟气中，熔融的矿物质随炉烟气迅速移至低温区固化，因表面张力形成球形颗粒，在排放到大气以前为布袋除尘器或静电除尘器捕集即为粉煤灰。

我国是世界上少数几个以煤为主要能源的国家之一，煤在能源构成中约占78%，全国燃煤消耗量达12亿吨/年，发电及热电联产消耗原煤6亿吨/年，排放的粉煤灰渣高达1.8亿吨/年。我国已成为世界上最大的用煤国和排灰国。燃煤所造成的空气、水体、固体废弃物污染已严重地威胁着生态环境。目前，我国对粉煤灰的处理以灰场储存为主要手段，占用了大量土地。灰场储存灰渣的综合处理费为20～40元/吨，全国综合处理费就需60～120亿元/年。因此，对粉煤灰的资源化利用的要求变得越来越迫切。

粉煤灰与其他火山灰质材料相比，结构比较致密，内比表面积小，有很多球状颗粒，所以需水量较低，干缩性小，抗裂性好；另外，水化热低，抗蚀性好；因此，粉煤灰水泥可用于一般的工业和民用建筑，尤其适用于大体积水工混凝土及地下和海港工程。利用粉煤灰做水泥的混合材料，既可减少水泥熟料用量、降低成本，又可改善水泥的某些性能，变废为宝，化害为利。粉煤灰作为水泥混合材料的使用是工业废渣二次利用的一个突出的典型。

2. *矿渣*

高炉矿渣是冶炼生铁时从高炉中排出的废渣。高炉矿渣的主要成分是由CaO、MgO、Al_2O_3、SiO_2、MnO、FeO（Fe_2O_3）等组成的硅酸盐和铝酸盐。SiO_2和MnO主要来自矿石中的脉石和焦碳的灰分，CaO和MgO主要来自熔剂。上述四种主要成分在高炉矿渣中占90%以上。根据铁矿石成分、熔剂质量、焦碳质量以及所炼生铁种类不同，一般每生产1 t生铁，要排出0.3～1.0 t废渣，因此它也是一种量大面广的工业废渣。

矿渣水泥是工业废渣利用最好的一种，在美国，高炉矿渣被称为“全能工程集料”，广泛用于筑路、机场、混凝土工程等，也是我国产量最多的水泥品种。矿渣水泥的耐蚀性较好，可用于水工及海工建筑；由于水化热低，可用于大体积混凝土工程；由于耐热性好，可用于高温车间（如轧钢、煅烧、热处理、铸造等）的建筑物，温度达300～400 ℃

的热气体通道等。

我国每年排出的高炉矿渣高达数千万吨，目前除少量钒钛等合金炉渣、含稀土元素的矿渣没有得到工业化利用外，其余大部分矿渣已经主要用于生产矿渣水泥、混凝土掺合料。这方面的资源利用大大减少了占地和环境污染，节约了能源，降低了成本，产生了较好的经济效益和社会效益。虽然，目前矿渣利用在我国已不作为工业废渣利用，但其资源化利用对于水泥工业的节能减排仍起着重要的作用。

3. 煤矸石

煤矸石是煤炭开采和洗选加工过程中产生的固体废弃物，排放量相当于当年煤炭产量的15%左右。我国目前煤炭产量大约10亿吨，每年排放煤矸石超过1亿吨。长期以来人们对煤矸石弃之不用，就地堆放，造就了一座座煤矸石山，侵吞了大量耕地。煤矸石山风化挥发和自燃产生大量有害气体（CO、CO_2、SO_2、NO_x 等）和烟尘，对大气造成严重的污染，而且在雨季煤矸石山经过雨水冲刷淋滤，能使浅层地下水质变坏，硫酸盐、氟、砷等有害成分增加，威胁着矿区人民的身体健康和生命安全。煤矸石山对环境和社会的危害十分严重。

然而，煤矸石是可利用的资源，而且利用途径广泛。煤矸石中黏土矿物在加热分解后，形成无定形的 Al_2O_3 和 SiO_2，具有潜在的活性，能够与水泥、石灰等水化析出的氢氧化钙在常温下起化学反应，生成稳定的、不溶于水的水化铝酸钙、水化硅酸钙等，这些化合物能在空气中和水中继续硬化，从而产生强度。因而矸石渣是一种较好的水硬性材料。煤矸石经自燃或经800 ℃左右人工煅烧后有一定活性，属于火山灰质的活性材料，可以与硅酸盐水泥熟料和石膏混合磨细制成火山灰硅酸盐水泥。

用矸石渣作为水泥混合材，具有改善水泥物理性能，降低成本和增加产量等优点。一般小水泥厂立窑煅烧熟料，f-CaO 含量往往偏高，水泥安定性较差，抗拉强度偏低，掺入具有活性的煤矸石做混合材，对消除游离氧化钙的影响、改善水泥的安定性、提高抗拉强度尤为显著。利用煤矸石做混合材生产水泥，在水泥厂内不需增加设施，完全是利用原有的工艺设备进行的。

利用煤矸石作混合材生产的火山灰硅酸盐水泥，早期强度高，后期强度上升快，水化热低，抗酸抗腐蚀性能好，可使用于水利工程、民用建筑、道路、桥梁、水坝的浇灌工程中。

第二节　生态水泥基材料的结构与应用

一、生态水泥基材料

（一）水泥基材料与生态环境

1. 水泥基材料对生态环境的影响

绿水青山就是金山银山，对待生态环境要像对待生命一样，实行最严格的生态环境保护制度，形成绿色发展方式，建设美丽中国，创造良好生产、生活环境。坚持人与自然和谐共生，坚持节约资源和保护环境已是我国的基本国策。水泥基材料是应用最广、用量最大的材料，主要包括水泥、混凝土等。水泥基材料与经济建设、人民生活水平密切相关。长期以来，水泥基材料主要依据建筑物及其应用部位提出了力学性能与功能方面的要求。传统水泥基材料在生产过程中不仅消耗大量的天然资源和能源，还向大气中排放大量的有害气体（CO_2、SO_2、NO_x等），向地域排放大量固体废弃物，向水域排放大量污水。废旧的建筑物与构筑物被拆除后，被废弃的水泥基材料通常不再被利用，而又成为环境污染源。

随着经济建设的发展，水泥基材料的需求量仍在日益增加，如不加以解决其生产带来的环境问题，必将威胁生态可持续发展。因此，充分考虑与生态环境的协调性是今后开发水泥基材料所必须研究的重要问题，水泥工业低碳转型刻不容缓。

2. 水泥基材料对人居环境的影响

一方面，水泥基材料的使用不当、性能或功能限制、设计建筑物时缺乏对生态环境的考虑，这些均可能对人类居住环境产生不良影响。在城市内大量混凝土建筑集中的地方，因空调设备排放出来的热量会产生热岛效应。此外，由于设计建筑物时没有充分考虑与周围环境的协调性，还可能产生影响动植物的生存、破坏自然景观等环境问题。

另一方面，水泥基材料通常是高碱性材料，具有显著吸收二氧化碳的潜能，特别是水泥中的 $Ca(OH)_2$ 碳化形成 $CaCO_3$ 后其机械力学性能还能得到提高，因此，水泥基材料成为矿化存储 CO_2 的重要选择。研究表明，在常压条件下，1 t 干燥硬化水泥浆体可捕集约 110 kg CO_2。同时，大量高碱工业废渣，如钢渣、矿渣等，也具有吸收 CO_2 的潜能，可在对固废进行无害化处置的同时研制生态建材。矿物固碳技术在欧洲发展较早，而我国在固废固碳研制高附加值和环境友好型生态建筑材料方面也有自身特色，加之我国相关工业废渣排放量巨大，为生态胶凝材料的研发提供了重要前提。

3. 环境对水泥基材料的影响

目前地球大气的环境问题主要有大气中 CO_2 浓度的增长，氟利昂气体引起的臭氧层破坏以及大气污染引起的酸雨等。其中，大气中 CO_2 浓度增大会造成气温上升，加速混凝土的碳化过程，从而影响混凝土构件的耐久性，缩短建筑物的使用寿命。因此，在深入认识破坏机理的基础上，对水泥基材料及其构件制定新的寿命预测法和切实可行的防护措施是很重要的。

（二）生态水泥基材料基本概念

1. 生态水泥基材料的定义

生态水泥基材料一般指有利于保护生态环境，提高居住质量，且性能优异、多功能的一类水泥基材料，是对人体及周边环境无害的健康型、环保型、安全型的水泥基材料，是相对于传统水泥基材料而言的一类新型水泥基材料，是环境材料在水泥基材料领域的延伸。从广义上讲，生态水泥基材料不是一种单独的水泥基材料品种，而是对水泥基材料“健康、环保、安全”等属性的一种要求，要求对原料、生产施工、使用及废弃物处理等环节贯彻环保意识并实施环保技术，从而保证社会经济的可持续发展。

2. 生态水泥基材料的特征

与传统水泥基材料相比，生态水泥基材料具有如下基本特征。

(1) 其生产尽可能少用天然资源，可使用废渣、垃圾、废液等废弃物。

(2) 采用低能耗制造工艺和无污染环境的生产技术。

(3) 在产品配制或生产过程中，不得使用甲醛、卤化物溶剂或芳香族碳氢化合物，产品中不得含有汞及其化合物的原料和添加剂。

(4) 产品的设计是以改善生产环境、提高生活质量为宗旨，即产品不仅不损害人体健康，而应有益于人体健康，产品多功能化，如抗菌、灭菌、防霉、除臭、隔热、阻燃、调温、调湿、消磁、防射线、抗静电等。

(5) 产品可循环或回收利用，无污染环境的废弃物，在可能的情况下选用废弃的水泥基材料及拆卸下来的木材、五金等，减轻建筑垃圾填埋的压力。

(6) 避免使用能够产生破坏臭氧层的化学物质的机械设备和绝缘材料。

(7) 购买本地生产的水泥基材料，体现建筑的乡土观念。

(8) 避免使用释放污染物的材料。

(9) 最大限度地减少加压处理木材的使用，在可能的情况下，采用天然木材的替代物——塑料木材，当工人对加压处理木材进行锯切等操作时，应采取一定的保护措施。

(10) 将包装减到最少。

3. 生态水泥基材料评价指标体系

环境意识是一个抽象的哲学概念，要真正地将环境意识引入水泥基材料的生产中，其关键在于能够满足环境要求的具体化、定量化的指标体系；生态水泥基材料的环境协调性与使用性能之间并不总是协调发展、相互促进的。因此，生态水泥基材料的发展不能以过分牺牲其使用性能为代价。性能低的水泥基材料势必影响耐久性和使用性能。因此，如何在水泥基材料的使用性能和环境协调性上寻找最佳的平衡点，也需要一个定量化的测评体系。生态水泥基材料与传统水泥基材料的最大区别在于：它不仅注重水泥基材料自身的技术性能的改进，而且以环境保护为目的，将水泥基材料对资源、能源、生态以及健康舒适等要求纳入到可持续发展的整体脉络中加以考虑。由此可见，真正意义上的生态水泥基材料，其评价指标体系是庞大的、复杂的，涉及建筑、水泥基材料、环保、化工、能源等多个领域，用定量方法建立评价体系非常重要。

（三）生态水泥基材料研究开发

1. 生态水泥

（1）低环境负荷水泥添加料

用矿渣、火山灰等作原材料烧制水泥熟料，或者以粉煤灰、石灰石微粉、矿渣作混合料磨制混合水泥，并扩大用量。这样可以减少普通硅酸盐水泥的用量，减少石灰石等天然资源的用量，节省烧制水泥所消耗的能量，降低 CO_2 的排放量。

（2）生态水泥生产技术

生态水泥主要指在生产和使用过程中尽量减少对环境影响的水泥。除对成分进行友好改性外，在水泥生产过程中也尽量减少能源消耗，降低水泥烧成温度等。生产工艺的主要特点是矿渣和熟料分别磨细，然后均匀混合。它的技术关键是矿渣的高级利用和熟料、矿渣的最佳匹配。采用新型矿渣水泥粉磨技术后，增大了矿渣粉体的比表面积，使矿渣本身的胶凝性和火山灰性得到了充分发挥，提高了它对水泥强度的贡献。

（3）降低能耗的新工艺

在烧成工艺方面，日本水泥协会和煤炭综合利用中心共同开展沸腾炉煅烧水泥熟料新技术的研究，并获得成功。这种新技术将以前的回转窑和熟料冷却机改成沸腾炉，目前在日产200 t的实验厂运行。据介绍，采用这种新技术后可节能10%～15%，显著降低NO_x的排放量，取得明显的节能和环境保护效果。

（4）废弃物再生利用技术

水泥厂是不需要投资的废弃物处理工厂。其他行业排放的矿渣、钢渣、粉煤灰、尾矿、煤矸石、硅锰渣、化学副产物石膏、拆除水泥基材料等均可用作水泥的代用原料，废机油、废轮胎、废橡胶、废纸、废木材、城市垃圾等都可以用作代用燃料。

2. 生态混凝土

目前生态混凝土可分为环境友好型生态混凝土和生物相容型生态混凝土两大类。

（1）环境友好型生态混凝土

环境友好型生态混凝土是指可降低环境负担的混凝土。目前，降低混凝土生产和使用过程中环境负担性的技术途径主要有以下三条。

①降低生产过程中的环境负担性。这种技术途径主要通过固体废弃物的再生利用来实现，如采用城市垃圾焚烧灰，下水道污泥和工业废弃物做原料生产的水泥来制备混凝土，这种混凝土有利于解决废弃物处理、石灰石资源保护和有效利用能源等问题；也可以通过火山灰、高炉矿渣等工业副产物进行混合等途径来生产混凝土，这种混合材生产的混凝土有利于节省资源、处理固体废弃物和减少CO_2排放量。另外，还可以将用过的废弃混凝土粉碎作为集料再生使用，这种再生混凝土可有效地解决建筑废弃物、集料资源、石灰石资源、CO_2排放等资源和环境问题。

②降低使用过程中的环境负荷性。这种途径主要通过使用技术和方法降低混凝土的环境负担性，如提高混凝土的耐久性或者通过加强设计、搞好管理来提高建筑物的寿命。延长了混凝土建筑物的使用寿命，就相当于节省了资源和能源，减少了CO_2排放量。

③通过提高性能来改善混凝土的环境影响性。这种技术途径是通过

改善混凝土的性能来降低其环境负担性。目前研究较多的是多孔混凝土，并已经运用到实际生产中。这种混凝土内部有大量连续的孔隙，孔隙特性不同，混凝土的特性就有很大差别。通过控制不同的孔隙特性和不同的孔隙量，可赋予混凝土不同的性能，如良好的透水性、吸声性、蓄热性、吸附气体等性能。利用混凝土的这些新特性，已开发出了许多新产品，如具有排水性铺装制品，具有吸声性、能够吸收有害气体、具有调湿功能以及能储蓄热量的混凝土。

（2）生物相容型生态混凝土

生物相容型生态混凝土是指能与动物、植物等生物和谐共存的混凝土。根据用途，这类混凝土可分为植物相容型生态混凝土、海洋生物相容型生态混凝土、淡水生物相容型生态混凝土以及净化水质用混凝土等。

植物相容型生态混凝土利用多孔混凝土孔隙部位的透气、透水等性能，渗透植物所需营养、生长植物根系这一特点来种植小草、低的灌木等植物，用于河川护堤的绿化，美化环境。

海洋生物、淡水生物相容型混凝土是将多孔混凝土设置在河川、湖泊和海滨等水域，让陆生和水生小动物附着栖息在其凹凸不平的表面或连续孔隙内，通过相互作用或共生作用，形成食物链，为海洋生物和淡水生物提供良好条件，保护生态环境。

净化水质用混凝土是利用多孔混凝土外表面对各种微生物的吸附，通过生物层的作用产生间接净化功能，将其制成浮体结构或浮岛，设置在富营养化的湖沼内以净化水质，使草类、藻类生长更加繁茂，通过定期采割，利用生物循环过程消耗污水的富营养成分，从而保护生态环境。

3. 功能性生态水泥基材料

高品质、新特性和多功能的生态水泥基材料一直受到世界材料制造业的关注。近年来，水泥与混凝土的功能开发取得了较快进展，其研究内容打破了无机硅酸盐界限，开始向高性能、复合型和多功能推进。水泥与混凝土的关系更加密切，逐渐形成了系列“绿色、环保、功能性水泥基材料”，主要包括功能性水泥、复合型水泥、智能化胶凝材料、高性能混凝土、复合型混凝土等，与此同时也出现了新型产品的新制造工艺的研发，一些新型胶凝材料已应用到特殊建筑工程中。

二、低碳水泥

水泥工业向低碳转型的技术途径主要包括：提高水泥生产效率，降低水泥单位能耗；发展协同处置技术，将各种可燃废弃物用作水泥窑的替代燃料；降低水泥的熟料系数，研发混合材深加工技术；应用碳捕集技术；研发低碳水泥熟料、研发无熟料/少熟料水泥等。

（一）水泥碳足迹与减排潜力

水泥工业是能源、资源消耗密集型工业，是 CO_2 排放的重点行业之一。根据世界可持续发展工商理事会水泥可持续发展倡议中 CO_2 统计方法，水泥生产中 CO_2 的排放分为直接排放和间接排放。直接排放是指企业拥有或控制的排放源，主要为水泥生产过程中原料碳酸盐的分解，即工艺排放；间接排放是企业生产活动造成的排放，其直接排放源实际上是其他企业拥有或控制的排放源，主要为水泥生产过程消耗的外部电力以及第三方原材料、成品运输造成的 CO_2 排放。

水泥生产过程中的 CO_2 排放主要来源于原料碳酸盐分解、煤的燃烧和生产中电力的消耗三个方面。因此，碳减排的主要途径必然是采用非碳酸盐原料、采用非化石燃料或提高热利用效率等。目前采用较多的主要是水泥窑纯低温余热发电、电石渣替代石灰石等。

1. 碳酸盐分解及减排潜力

石灰石在硅酸盐水泥原料中的配比占 80%～85%，在水泥中约占 70%，所以生产水泥需要大量的石灰质材料，水泥生产工艺过程中排放的 CO_2 也最多，石灰石中的固定碳越多，分解出的 CO_2 也越多。普通硅酸盐水泥熟料生产过程中工艺排碳量（碳酸钙分解）是相对固定的，约 536.0 kg CO_2/t。

硅酸盐水泥熟料的低碳生产，即采用新型制备技术和原料来降低水泥生产中的 CO_2 排放是低碳水泥发展的重要方向之一。

2. 燃料燃烧及减排潜力

熟料煅烧是水泥工业的核心工艺，由生料煅烧成熟料需要大量的热量。此外，水泥粉磨需要大量的电能。水泥工业消费煤炭约占全国总消费量的6%。进入21世纪以来，我国新型干法水泥生产技术飞速发展。随着生产方式的改变，水泥熟料烧成标准煤耗大幅降低。采用新技术降低熟料煅烧的热耗是水泥生产中实现低CO_2排放的一个重要方向。徐德龙院士发明的新型XDL水泥熟料煅烧技术成功地将单位耗热量从约3350 kJ/kg降至2839 kJ/kg。目前我国熟料的单位热耗量平均为3600 kJ/kg，预计2050年将降至3100 kJ/kg，降低比例13%左右。

因煤炭的燃烧反应会产生CO_2，因此煤炭中的固定碳含量与CO_2排放量有很大关系，在完全燃烧的情况下，煤质越好、固定碳含量越多，排放的CO_2就越多。水泥熟料煅烧效率低下，熟料煅烧的热耗越大，则排放的CO_2就越多。因此，应采用先进的煅烧工艺以提高熟料烧成的热效率。随着水泥生产工艺新型干法窑的普及，熟料烧成的整体热效率已达到最高理论热效率的80%。考虑熟料生产本身所需要的能耗，现代水泥生产工艺的能耗已接近理论上限。替代燃料是目前水泥低碳生产最具潜力也相对行之有效的方向。

燃料包括煤炭、各种燃油和各种燃气等。石油和天然气单位热量消耗的碳排放量较煤炭低10%～30%。但由于价格与来源问题，我国水泥生产所用燃料几乎均以煤炭为主、燃油为辅。我国煤炭资源虽然丰富，但探明可采资源量只有1300亿吨，并且分布不均，低挥发分煤和含硫量大的煤较多，能够用于水泥工业的煤质越来越差。水泥工业是能源资源消耗较大的产业，能源问题是循环经济的核心问题，能否实现循环经济并使其持续发展，最终还是取决于能源。

水泥熟料生产中与燃料相关的CO_2排放占1/3，因此使用替代燃料减少CO_2排放的潜力很大。减少使用传统化石燃料（主要是煤或焦炭），更多地使用替代燃料和生物质燃料，替代燃料包括那些可能在焚烧炉中被焚烧、填埋或处置不当的废弃物。使用替代燃料能够在熟料生产能耗基本不变的情况下节约一次能源的使用。水泥窑特别适合使用替代燃料，其原因是替代燃料的能源组成与化石燃料相近，且其无机部分可与熟料相结合。从技术层面上讲，水泥生产中使用替代燃料是可行的，但在实际操作中总会存在一些限制。实际生产中替代燃料的使用主要面临的问题是燃料中含有水分和其成分的不均匀性，目前工业上主要是优化燃料和预处理来提高其均匀性。大多数替代燃料的物理和化学性质与传统燃料明显不同。许多替代燃料使用起来仍存在技术困难，如低热值、高水分、高含氯或含其他微量元素物质，还有一些挥发性金属（如汞、镉、铊）等。这意味着替代燃料需要预处理，以确保均一的化学成分和最佳燃烧效果。此外，替代燃料的利用还受政策和法规多种因素的影响。

水泥行业中替代燃料的使用技术和经验经过多年的探索，人们已经认识到其对节能减排的重要作用，都在积极推动替代燃料的普及。现已有 2/3 的水泥厂使用替代燃料，替代比例最高达 83%，平均达 20%。预计到 2030 年，发展中国家传统燃料替代率可达 10%～20%，而发达国家替代率可达 50%～60%，平均值约为 30%；到 2050 年发展中国家传统燃料替代率可达 20%～30%，发达国家替代率仍为 50%～60%，平均值可达 35%。当然这些目标只有在法律、技术、经济各方面的障碍均得以解决的前提下才能实现。我国水泥工业的燃料替代尚处于初期，仅有个别企业正在开展示范项目工作，预计未来将有相当的减排潜力。

3. 电能消耗及减排潜力

水泥生产是耗电大户，一条 5000 吨/天水泥生产线按年产 180 万吨水泥计算，年用电总量达到 1.7×10^8～1.8×10^8 kW·h。一般水泥生产中电费约占水泥生产成本的 30%。水泥生产工艺过程的电力消耗会间接产生 CO_2 排放，因此水泥生产节电也是减排。通常，单纯依靠降低电能消耗减少 CO_2 排放潜力不大，而依靠余热发电可以有效减少外部电能消耗。

水泥生产企业是电力行业的终端用户。据相关资料介绍，通过用电量计算 CO_2 排放量时的排放因子为 0.302 kg/（kW·h）。如果按新型干法水泥已安装纯低温余热发电的水泥产能计算，减排 CO_2 量已达 6141×10^4～6667×10^4 吨。水泥生产通过纯低温余热发电相当于降低了生产电耗，CO_2 的减排效果十分显著，目前我国新型干法水泥余热发电仍有较大发展空间。

4. 基于LCA的碳减排技术评价方法

生命周期评价（Life Cycle Assessment，LCA）是对一个产品系统的输入、输出及其潜在环境影响的汇编和评价。在低碳水泥技术的开发过程中，通常在降低水泥碳排放的同时，会引发其他环境问题。生命周期分析表明：①电石渣替代石灰石虽然可以减少水泥生产的温室气体排放，但是需要付出能源消耗代价对其进行压滤与干化等处理，这种情况需要权衡替代原料减少的碳排放与能耗增加引起的碳排放。②如果替代燃料作为废弃物被焚烧，那么还需要用额外的化石燃料来焚烧它们，实则又增加了 CO_2 排放量。③使用替代燃料防止了不必要的垃圾填埋，此项意义尤其重要。因为垃圾填埋产生的排放中大约含有60%的甲烷，其相对气候变化影响指数是 CO_2 的21倍。

因此，需要综合评判低碳水泥技术生命周期不同阶段的环境负荷，避免造成环境问题的转移，全面、客观地量化评判碳减排技术的实际效果。

（二）水泥工业中的碳捕集

1. 碳捕集技术

碳捕获与碳储存（CCS）是一项面向未来的减少碳排放的最新技术，即在 CO_2 排放到大气中之前即将其捕获，然后压缩成液体，通过管道运输到地下深层永久储存。

CCS最初主要在电力行业试行，每吨 CO_2 减少的成本在20～70欧元以上。根据国际能源署的预测，水泥行业中CCS将在2030年前开始工业规模的应用示范。针对水泥行业中 CO_2 由石灰石煅烧和窑内燃料燃烧两种排放源产生的特点，需要低成本且有效的工业捕获技术。目前全球范围内正在开发适合 CO_2 捕集的多种技术，举例如下。

（1）气化合成气提取氢气为水泥窑燃料（适合 CO_2 捕集的预燃烧技术）

预燃烧技术在烧成系统应用需要新的燃烧技术。氢气为非碳质火焰成分，其燃烧和辐射特性均与水泥窑用燃煤、燃油不同，需要提高热交换的新型设备。另外，氢气具有爆炸性，因此熟料烧成工艺需要较大改动，至今尚未有水泥厂采用预燃烧技术。

但由于在水泥生产中 CO_2 排放的主要来源是石灰石煅烧，即使采用预燃烧技术，碳排放依然未减少，该技术前景不容乐观。

（2）富氧燃烧技术（与碳捕集结合）

在水泥窑中使用富氧气体替代空气，会产生一个相对纯的 CO_2 气流。富氧燃烧技术已在国外现代玻璃生产和电力行业中广泛应用，但仍需要大量的研究以促进在水泥行业中的应用，可能对熟料煅烧工艺在以下方面存在潜在影响：

①燃烧技术包括新型燃烧器、废气再循环系统（除尘、冷却）等。

②窑的尺寸、冷却机、预热器等适当调整。

③关注对碳酸盐分解以及熟料质量的影响。

（3）用于捕集 CO_2 的后燃烧技术

后燃烧技术属于末端处理方案。熟料烧成工艺不需要大的改变，因此该技术适合于新窑，特别适合于窑的改造。后燃烧技术关键是 CO_2 分离技术，目前正在开发采用物理化学吸收、薄膜和固体进行吸附分离。其中化学吸附是最有希望的，其他行业已经使用胺、钾和其他化学溶液获得 85%的高 CO_2 捕获率。如果开发出合适的材料和清洁技术，膜技术可作为长期方案在水泥窑中使用。碳酸盐循环吸收工艺是让氧化钙与含 CO_2 的燃烧气体发生作用生成碳酸钙。目前国际水泥行业正在评估该项技术，以作为现有窑潜在的改造方案。此外，还可与发电厂产生协同效应（发电厂失去活性的吸收剂可以作为水泥窑二次原料重复使用）。

2. 碳捕集在水泥行业中的发展

根据国际能源署的数据，CCS 在水泥行业应用小规模示范于 2015 年启动，在 2030 年之前开始工业规模的应用示范。世界水泥工业已经形成了对 CCS 技术争相研发、你追我赶的局面，以期进一步提高效率、降低成本，早日达到可以投入商业运行的程度。

（三）低碳水泥熟料和新型低碳水泥

近年来，有专家提出开发低碳水泥熟料/低钙水泥熟料以达到减排的目的。通过水泥熟料矿物的低碳设计，开发新型节能、低排放、低钙熟料水泥，如高贝利特水泥（HBC）、硫铝酸盐水泥（CSA）、贝利特—硫铝酸盐水泥（BCSA）、Celitement 水泥和 Ca-Si-Bi 水泥、可碳化的硅酸钙水泥、石灰石煅烧黏土水泥（LC_3）、碱激发水泥、镁基胶凝材料和铝酸盐水泥等，从而显著降低水泥制备能耗和 CO_2 排放量。

1. 高贝利特低碳水泥熟料

在满足水泥强度等性能指标的情况下，低碳水泥应选择组成熟料的矿物是低 CO_2 释放的熟料矿物。众所周知，硅酸盐水泥（PC）熟料中贝利特矿物（C_3S）形成的最低温度约为 1400 ℃，而贝利特矿物（C_2S）在 1200 ℃以上形成速度很快，故能在较低的窑炉温度下形成。贝利特所含 CaO 的量为 65.1%（质量百分比），低于贝利特中 73.7% 的 CaO 含量。因此，形成贝利特所产生 CO_2 的量无论从制备所需的能量还是从其组成中的含钙量分析都比贝利特少。

与硅酸盐水泥相比，高贝利特水泥是低碳水泥的代表之一。以低碳矿物贝利特为主的低碳水泥熟料，即贝利特型水泥熟料，其烧成温度较普通水泥低，仅需 1250～1300 ℃。高活性贝利特的合成与稳定是这类水泥性能提升的关键。

2. 新型低碳水泥

（1）Celitement 水泥和 Ca-Si-Bi 水泥

Celitement 水泥的制备过程是首先将石英与石灰（或者含有 SiO_2 和 CaO 的材料）混合均匀，然后在 150～210 ℃和 5 Bar（0.5 MPa）的压力下进行蒸养，形成非水硬性的水化硅酸钙，再通过活化粉磨将非水硬性的材料转化为水硬性。在活化粉磨过程中，蒸养过程中形成的氢氧键被破坏，新形成的水泥主要由活性的水和硅酸钙以及石英类物质所构成。这些组分中有非晶态的，有活性组分，也有含水相，它们在与拌合水发生反应后进行水化反应，由 C-S-H 前驱体转变成与普通水泥水化产物一样的 C-S-H 凝胶。在 Celitement 水泥的制备过程中，CO_2 排放较普通水泥降低 50%。

Ca-Si-Bi 水泥则是将蒸养得到的 α-C_2SH 在 400～500 ℃下进行低温煅烧，得到高活性的贝利特和非晶质的贝利特。Ca-Si-Bi 水泥水化后的主要产物与硅酸盐水泥一样，均是 C-S-H 凝胶。但与 Celitement 水泥不同的是，Ca-Si-Bi 水泥水化产物中有羟钙石。

（2）可碳化的硅酸钙水泥

可碳化的硅酸钙水泥的主要组成矿物是假硅灰石（CS）和硅钙石（C_3S_2）。通过将石灰石和石英砂作为原材料在带四级预热器的回转窑中煅烧（烧成带温度为 1260 ℃）得到水泥熟料，后将熟料破碎并用带选粉机的闭路球磨机粉磨至勃氏比表面积为 490 m^2/kg 得到水泥。可碳化的硅酸钙水泥主要依靠熟料矿物的碳化反应来产生强度。碳化后的产物主要是方解石，也生成了少量的霰石和球霰石。碳酸钙产物晶型主要是由水泥中的杂质组分和反应条件所决定的。这种可碳化的硅酸钙水泥在生产上与硅酸盐水泥相比，可以减排 30％的 CO_2，降低 30％的能耗。采用这种水泥制备的混凝土较传统硅酸盐水泥混凝土碳排放可以降低 70％左右。

（3）石灰石煅烧黏土水泥（LC_3）

采用煅烧黏土和石灰石耦合添加替代混合水泥中的部分熟料，被称为石灰石煅烧黏土水泥（LC_3）。该水泥是一种基于煅烧黏土和石灰石混合物的新型三元水泥，它利用煅烧黏土和石灰石的协同作用，以达到与普通硅酸盐水泥（OPC）相似的强度发展，即使是在熟料系数低至 40％～50％的情况下也是如此，LC_3 可以减少高达 30％的 CO_2 排放量。

LC_3 水泥正在由瑞士、古巴和印度的成员进行国际合作项目的研究和开发，其目标是使 LC_3 成为全球水泥市场的标准和主流通用水泥。古巴和印度建立了 LC_3 技术资源中心，为全球采用 LC_3 技术提供测试和咨询服务。范围从“用于 LC_3 的高岭土的测试”到水泥生产中的“生命周期评估”，以及在混凝土和混凝土基础应用中使用 LC_3 的测试设施。可以从全球研究机构网络如瑞士洛桑联邦理工学院（EPFL）、古巴拉斯维亚斯中央大学（UCLV）、印度理工学院（IIT）和印度农村发展技术和行动协会（TARA）获得有关 LC_3 相关产品的最新知识。

（4）其他低碳水泥

①碱激发水泥。近年来，国内外出现大量碱激发胶凝材料的研究与报道，称为碱激发水泥。该水泥主要原料是工业排放的废渣、尾矿、黏土类物料和含碱物质等，碱的作用是激发原料，使之具有胶凝性，并且形成含碱水化物，因为大部分原料中都含有一定量的钙，所以不用专门的含钙物质也可以形成胶凝性。采用粉磨、混合等操作加工制造，不需要高温煅烧，因此这样的碱激发胶凝材料具有节能、节约资源、减排 CO_2 的优点。

②铝酸盐水泥。铝酸盐水泥在建筑行业的使用已超过一百多年，近年来作为低碳水泥品种备受关注。铝酸盐水泥按照其铁含量分为富铁型、低铁型和无铁型。低铁型的铝酸盐水泥主要用于耐火材料。铝酸盐水泥的制备方法分为烧结法和熔融法，烧成温度一般在 1250～1350 ℃。铝酸盐水泥具有突出的快硬早强特性，在结构修补、材料固化、干混砂浆等各方面具有突出的应用前景。铝酸盐矿物的稳定性是制约铝酸盐水泥材料应用的关键。

③镁基胶凝材料。相比于氧化钙基胶凝材料，氧化镁基胶凝材料具有低煅烧温度，进而大幅降低材料制备时所需的能耗，有望显著降低 CO_2 排放。工业生产表明，生产该水泥节能 10%～20%，CO_2 排放量降低 10%。因此，近年来该种胶凝材料受到国内外众多研究者的关注。关于镁基胶凝材料研究主要着重于磷酸镁和硅酸镁两大镁系材料。与钙基胶凝材料相比，镁基胶凝材料的来源是影响其规模化应用的重要问题。我国在镁基胶凝材料研究与应用上处于世界领先地位，特别是我国是全世界唯一规模化应用 MgO 基胶凝材料的国家，MgO 微膨胀中热水泥技术成功应用于国家重点水利工程三峡大坝建设，工程应用经验较丰富，为世界各国研究者所看重。

三、地聚合物水泥

（一）地聚合物概述

地聚合物是一种不同于普通硅酸盐水泥和其他传统水泥的新型高性

能胶凝材料，它是以硅氧四面体和铝氧四面体以角顶相连而形成的具有非晶体态和半晶体特征的三维网络状固体材料。地聚合物兼具有机高聚物、陶瓷和水泥的优良性能，又具有原材料来源广、工艺简单、节约能源和环境协调性好等优点，因此近几年其研发进展迅速。

地聚合物属于碱激发材料范畴，其生产工艺完全不同于硅酸盐水泥，反应产物主要为无定形地聚合物凝胶。地聚合物的原材料主要包括：

（1）高活性偏高岭土、粉煤灰、矿渣微粉等火山灰化合物或硅铝质原材料。

（2）碱性激发剂（苛性钾、苛性钠、水玻璃、硅酸钾等）。

（3）促硬剂（低钙硅比的无定形硅酸钙及硅灰等）。

（4）外加剂（主要有缓凝剂等）。

其中，硅铝质原材料和碱性激发剂是地聚合物的最主要原材料。以含硅铝酸盐玻璃体或晶体的工业固体废弃物、尾矿和天然矿物（如黏土类、长石类等）为主要原料，其用量不少于85%，而不用天然资源；激发剂包括各种含碱的化学试剂或工业副产品或产品，其用量不超过10%～15%。

（二）地聚合反应机理

1. 地聚合反应过程

Glukhovsky提出了含活性硅铝相材料受碱激发的反应机理模型——Glukhovsky模型。根据Glukhovsky模型，地聚合反应可分为三个阶段，即解构－重构阶段、重构－凝聚阶段和凝聚－结晶阶段。地聚合反应模型属于线型模式，然而在时间上各部分几乎是同时进行的。整个地聚合反应主要包括以下五个层次：

（1）溶出

固态的硅铝相加碱水解，使硅铝相分离，并从固体表面溶解释放出类离子态硅铝单体。

（2）物相平衡

硅铝相在碱性条件下溶解后，便逐渐形成由硅酸盐、铝酸盐及硅铝酸盐组成的复杂体系。

（3）凝胶化

在高碱性条件下，无定形的硅铝相溶解速率加快导致混合溶液中硅铝酸盐处于饱和状态，此时体系开始出现凝胶化反应，形成低聚态的凝胶（凝胶1），并随着凝聚作用逐渐形成网络状结构（Si-O-T结构）。

（4）重构

凝胶化阶段后，在体系中开始出现结构的重新排列，低聚态的胶体之间通过相互交联，逐渐形成地聚合物的三维网络状结构。

（5）聚合与硬化

在此阶段，体系进一步脱水聚合形成地聚合物硬化体。

2. 地聚合物体系各组分作用

（1）碱的作用

碱在地聚合反应过程中的作用在于碱激发剂溶液提供了高浓度氢氧根离子，使得硅铝质原材料中的硅铝相结构解体。碱可以让原材料中不存在具有胶凝性能的矿物经过碱激发反应之后转化为具有胶凝性质的材料。例如，粉煤灰中的玻璃相在水中基本为惰性，如要使之呈现胶凝性能，必须加以激发。碱金属阳离子的种类、碱激发剂的种类等均对地聚合反应有影响。

（2）硅铝组分的作用

地聚合反应首先是从碱性激发剂促使硅铝源中硅铝相结构解体，从而溶解出 SiO_2 和 Al_2O_3 开始的。因此，地聚合物的性能与硅铝相的溶出、硅氧四面体和铝氧四面体的聚合及网络结构的形成紧密相关。

硅铝相的溶出是由于液相中高浓度的 OH^- 作用于硅铝源中的硅氧四面体和铝氧八面体，降低了多面体之间的键合力，进而导致结构的解体；同时其中的铝氧八面体在高 pH 值的液相条件下转变成四面体结构，这些四面体解体后就溶解于液相中。硅铝相的溶出主要受激发剂浓度、碱金属离子种类、搅拌速率及硅铝原料性能等因素的影响。其中，硅铝原料的性能和激发剂的浓度是最主要因素。

（3）水的作用

地聚合物在成型、反应过程中必须有水作为传递介质及反应媒介。浆体凝固后，部分自由水作为结构水存在于反应物当中。有学者表明，水在硅铝相的溶解、离子转移、硅铝化合物的水解及硅铝单体的聚合等过程中起到了媒介的作用。

（4）钙组分的作用

当采用工业废弃物（如粉煤灰、矿渣等）作为地聚合物的先驱物时，钙组分被引入地聚合物体系，这使得地聚合物体系由原来的 Na_2O-Al_2O_3-SiO_2-H_2O 四元体系转变成了 Na_2O-Al_2O_3-SiO_2-CaO-H_2O 五元体系。目前普遍认为钙组分对地聚合物的强度有积极作用，但地聚合物体系中的钙含量应该控制在合适的范围内。

（三）地聚合物的性能

地聚合物与普通硅酸盐水泥的不同之处在于前者存在离子键、共价键和范德华键并且以前两类为主；后者则以范德华键和氢键为主，这就是两者性能相差较大的原因。地聚合物的重要特点在于其抗介质腐蚀的性能高，基体的致密性高、抗渗水性也好。但地聚合物也因所采用的原料种类、激发剂种类及用量不同而产生不同的性能表现。下面主要从力学性能、耐久性和环境协调性三个方面介绍地聚合物的性能。

1. 力学性能

地聚合物主要力学性能指标优于玻璃和水泥，可与陶瓷、铝、钢等金属材料相媲美。地聚合物早期强度较高，20 ℃下其凝结后 4 h 的抗压强度可达 15～20 MPa，为其最终强度的 70％左右。

2. 耐久性

（1）耐腐蚀性

地聚合物反应时不会形成钙矾石等硫铝酸盐矿物，因而能耐硫酸盐侵蚀，而且在酸性溶液和各种有机溶剂中都表现出良好的稳定性。工程界通常认为硅酸盐水泥混凝土的使用寿命为 50～150 年，有文献指出地聚合物聚合反应后形成的耐久型矿物，几乎不受侵蚀性环境的影响，其使用寿命可达千年以上。

（2）耐热性

传统硅酸盐水泥硬化浆体在受到高温作用时，水化产物分解脱水，其晶格和结构遭受破坏，从而使硅酸盐水泥硬化浆体的强度下降。而地聚合物在高温作用下具有极其优良的热稳定性，耐热温度可达 1000 ℃以上，在高温下仍能保持较高的结构性能。研究表明，当传统硅酸盐水泥混凝土处于 400 ℃、650 ℃和 800～1000 ℃时，其残余强度分别为初始强度的 90％、65％和 11％～16％；而与之相对应的地聚合物混凝土的残余强度分别为初始强度的 91％、82％以及 21％～29％。地聚合物的耐火耐热性能优于传统硅酸盐水泥，其导热系数为 0.24～0.38 W/（m·K），可与轻质耐火黏土砖［导热系数 0.3～0.4 W/（m·K）］相媲美。

与普通硅酸盐水泥及其制备的混凝土相比，地聚合物制备温度较低，其“过剩”的能量少，因此水化放热较低，用于大体积混凝土工程时不会造成急剧温升，可有效避免破坏性温度应力的产生。地聚合物和集料界面结合紧密，不会出现富含 $Ca(OH)_2$ 及钙矾石等粗大结晶的过渡区，很适宜做混凝土结构修补材料。此外，地聚合物混凝土不仅早期强度高，渗透率低，还具有较低的收缩值。

3. 环境协调性

地聚合物的生产不使用石灰石作原料，制备地聚合物材料所用的原材料可直接使用或只需低温（350～750 ℃）处理，不需要高温煅烧；并且 Si—O、Al—O 键的断裂—重组反应温度在室温或 150 ℃以下就可以进行，因此地聚合物材料的制备过程能耗比较低。研究表明，地聚合物的生产能耗只有陶瓷的 1/20、钢的 1/70、塑料的 1/150。因制备地聚合物材料的原料只有部分需要低温煅烧，因此燃料消耗较少，所以 NO_x、SO_x、CO 和 CO_2 等废气的排放量也非常低。研究表明，制造 1 吨地聚合物材料其排放量仅为硅酸盐水泥的 1/10～1/5，并且基本没有毒性气体产生。同时，地聚合物的生产可以消耗大量工业废弃物（粉煤灰、污泥等）和农业废弃物（稻壳灰等），这些固体废弃物堆积占用土地，对环境造成污染，以这些固体废弃物作为制备地聚合物的主要原材料则可以有效解决此类材料所造成的水质污染、土壤污染、大气污染等一系列环境问题。另外，地聚合反应后形成了三维网状硅铝酸盐结构，可以有效地固封键合各种有毒有害离子，这对于处置利用各种固体废弃物极为有利。从环保的角度考虑，地聚合物材料在生产工艺方面不仅低能耗、低碳排放并且不会产生有害气体，还可以在大量处置固体废弃物的同时处理毒害物质，这对于保护生态体系、维护环境协调有着重要的现实意义。

综上所述，地聚合物力学性能、耐腐蚀、耐高温等性能优良，而且其生产过程能耗低、废气排放量低，是环境友好型胶凝材料。当然，地聚合物也存在一些局限性。例如，因原材料的广泛性和波动性引起的性能不稳定性、某些地聚合物体系存在的“泛碱”现象，如何使得地聚合物凝结时间和强度发展等性能具有可控性，如何促进地聚合物的高性能化和功能化的发展等问题，均值得深入探索研究。

(四) 地聚合物的应用与发展前景

1. 地聚合物的应用

地聚合物的三维网状结构决定了其具有优良的物理化学性能，使其在水利市政、道路桥梁、海洋工程、军事领域等方面具有较为广阔的应用前景。由于地聚合物无需高温烧结，其内部类沸石相经适当处理后具有良好的吸附性与离子交换性，是极有前途的废水处理用膜材料，也可用于消除放射性物质、重金属离子；还可用于海水综合利用，包括海水提钾、海水淡化等。同时，地聚合物因具备优良的耐水热性能，在核废料的水热作用下能长期保持优良的结构性能，因而能长期地固封核废料。利用地聚合物较好的力学性能及制备工艺比较简单的特点，可部分替代金属与陶瓷作为结构部件、模具材料使用；利用其快凝早强性能可用于机场跑道、通信设施、道路桥梁、军事设施的快速建造与修复；利用其轻质、隔热、阻燃、耐高温等特性可用作新型建筑装饰材料、耐火保温材料，以及开发其他领域的用途如发动机排气管外包隔热套管等。

2. 地聚合物的发展前景

地聚合物一直是国际新型胶凝材料的研究热点，地聚合物的相关理论和应用得到了快速发展，但基础理论、产业化应用及应用领域拓展仍是目前及将来的主要方向。

（1）原料、工艺的扩展

原料与激发剂的选择范围已大大拓宽，硅铝原料来源已扩展到火山浮石、粉煤灰、矿物废渣、烧黏土四大类，集料从天然资源扩展到废弃物资源；激活剂由单一碱金属、碱土金属、氢氧化物扩展到氧化物、卤化物、有机基组分等。

工艺过程由传统的“两步法”扩展到“一步法”（“只加水”）。由于液体碱激发剂存在不便运输和使用安全性的问题，因此传统“两步法”更适于预制产品。“一步法”是指将固体碱激发剂与固体硅铝原料混合制成干混料，加水即可制得具有胶凝性质的地聚合物材料的方法。相较于“两步法”，“一步法”更适于现场应用。但是，目前几乎没有利用“一步法”的应用实例，主要是目前“一步法”相关的研究相对较少，相关基础理论还需进一步完善。例如，“一步法”存在凝结时间过快的问题。水和粉料大面积接触，水化热加速了其凝结过程，而相关地聚合物缓凝剂的研究相对较少。因此利用“一步法”成型地聚合物材料从理论到应用仍有许多问题尚待解决。

成型方式由传统的浇筑法扩展到压制法、3D 打印。相较于浇筑法，压制法制得的地聚合物材料通常可以获得更高的抗压强度。3D 打印技术是一种直接从数字模型制造三维结构的新兴智能建造技术，可增加建筑自由度，将会成为未来建造方式的研究热点和发展方向。3D 打印地聚合物的研究从地聚合物可打印性能、可建造性能的探索，到通过配比设计优化地聚合物的 3D 打印性能，再到地聚合物打印体的力学性能、耐久性的提升，一直都是目前以及将来的研究方向。

（2）改性地聚合物材料

研究地聚合物复合、增强和增韧等改性措施，以便于改善材料本身的弱点，扩展其应用领域。由于无机聚合反应在较低温度下进行，避免了高温可能导致的添加物变质，以及添加物与基体的热失配与化学不相容，使增韧、增强添加物选择范围加大，从而可采用多种添加剂进行增强、增韧，提高材料性能。常用的外掺纤维有多种，包括金属纤维、合成纤维和天然纤维，主要有聚丙烯纤维、碳纤维、玄武岩纤维、聚乙烯醇纤维和钢纤维等。目前，纤维增韧地聚合物已有一些研究成果。

除了纤维增韧地聚合物，各种有机高分子改性地聚合物材料（如PVC/偏高岭土基地聚合物复合材料）及其一些特殊的改性方式（如酸/碱改性地聚合物）也是地聚合物材料的热门研究方向。另外，对于一些有特殊性能要求的建筑结构（防爆结构等），超高性能地聚合物混凝土是其结构性能的最基本保障，也是将来的研究方向之一。

（3）地聚合物基月球混凝土

地聚合物材料除了在地球上有广阔的应用前景外，也可将地聚合反应机理延伸至月球，期望利用月壤合成月球混凝土，实现月球基地原位建造。月球资源原位利用是月球基地得以建立、应用和运行的基本技术保障。“阿波罗计划”所得月壤的化学组分中硅铝氧化物含量占60%以上。在地聚合物基月球混凝土体系中，集料占比70%～80%，也可以来源于月壤，且具有特定的粒径分布。若月壤可以作为地聚合物的硅铝源原料，那么地聚合物基月球混凝土所需原材料，除了碱需要从地球搭载以外，其余90%以上均可从月球获得，保证了较大的原位资源利用率。而且地聚合物在月球环境下具有良好耐极端环境性能，这些均为地聚合物用于月球基地建造提供了巨大的优势与潜能，拓宽了月球基地建筑材料的选择范围。同时，3D打印地聚合物研究的发展使原位建造地聚合物建筑结构成为可能。

含有较高含量硅铝氧化物的月壤可以作为地聚合反应的先驱物来源，因此设想利用月壤制备地聚合物基月球混凝土，其所需原材料90%以上可来源于月球资源，同时还可结合3D打印技术，期望实现月球基地原位建造，加快月球基地建设设想的实现。

地聚合物新型胶凝材料可以作为硅酸盐水泥的补充，并弥补了硅酸盐水泥在某些性能上的不足，能更好地满足工程所需。由于地聚合物所具有的特殊性能，加之其在原料来源、生产能耗等方面的诸多优点，越来越受到人们的重视。全球已有30多个国家设有地聚合物研究的专门机构或研究所。随着地聚合物复合材料的开发，其性能控制必将大大提升，应用领域也将进一步扩展，地聚合物有望发展成为21世纪具有工程应用前景的新型胶凝材料。

四、铝酸盐水泥

（一）铝酸盐水泥的基本特性

铝酸盐水泥发明初期，主要用于抢修工程、抗硫酸盐侵蚀水下工程等一些特殊建筑工程领域；随着对铝酸盐水泥逐渐深入的认识，开发出耐火用铝酸盐水泥系列产品，将其应用领域拓展到耐火、耐热工程，如工厂高温窑炉内衬、烟囱等。但随后发现铝酸盐水泥存在后期强度倒缩的缺陷，甚至导致铝酸盐水泥建筑结构严重破坏的实例。鉴于此，铝酸盐水泥被禁止用于建筑结构部件，至今未能推广应用。

总体来讲，铝酸盐水泥是一种快硬、早强的水硬性胶凝材料，其优点在于能够提高混凝土的早期强度、耐火性能、抗硫酸盐和弱酸侵蚀的能力等；其缺点在于价格昂贵（通常比硅酸盐水泥的价格高4～5倍），且配制而成的混凝土后期强度倒缩，不利于结构耐久性。此外，铝酸盐水泥因其优异的耐火性能常被称为“耐火水泥”。

1. 铝酸盐水泥的生产

（1）原材料

铝酸盐水泥是以优质的石灰石和铝矾土（或生石灰与煅烧铝矾土；生石灰与氧化铝）为原材料进行高温烧结或熔融，再经球磨机粉磨而成，生产过程中无需添加任何调节水泥成分和性能的校正材料。根据石灰石和铝矾土的配比，可以生产不同等级的铝酸盐水泥；而根据所用原材料的品质和成分，可得到不同颜色的铝酸盐水泥。

①石灰石

石灰石作为铝酸盐水泥生产的主要原材料，占生料的40%左右。通常采用化学级石灰石生产铝酸盐水泥，并严格控制石灰石中 MgO、Na_2O、$K_2O(R_2O)$、Fe_2O_3 和 SiO_2 等杂质成分的含量。

②铝矾土

铝矾土（矾土或铝土矿）的主要成分为氧化铝。含有少量高岭石、钛铁矿物等杂质的水铝石矿是一种土状矿物，通常呈白色或灰白色，也因含铁而呈褐黄色或浅红色。其中 Al_2O_3 的含量决定了其品质，同时也影响着水泥的品位。我国矾土矿的化学特征总体表现为高铝、高硅、低铁，其中 Al_2O_3 含量为56%～62%、SiO_2 含量为7%～12%、Fe_2O_3 含量为3%～19%。

（2）生产工艺

目前以法国为代表的许多欧洲国家大多采用熔融法生产铝酸盐水泥。熔融法是将生料在电炉或高炉中熔融，待熔体冷却后再进行研磨。这对原料要求较低，但热耗高，熟料较难粉磨，故成本较高。中国建筑材料科学研究总院成立后不久便开始研究铝酸盐水泥，首先采用倒焰窑烧结法，后成功研发回转窑烧结法，实现了我国铝酸盐水泥的批量连续生产。因此，目前我国主要采用回转窑烧结法生产铝酸盐水泥，其煅烧工艺与硅酸盐水泥基本相同。相比熔融法，回转窑烧结法具有热耗低、产量高等优势。

（3）熟料形成过程

铝酸盐水泥熟料矿物相均可通过固相反应生成，这为采用烧结法生产铝酸盐水泥奠定了理论基础。

生料中 SiO_2 的存在会消耗 CaO 和 Al_2O_3，从而使得有效矿物 CA（铝酸一钙的简写，全拼为 $CaO \cdot Al_2O_3$）、CA_2（二铝酸钙的简写，全拼为 $CaO \cdot 2Al_2O_3$）的生成量降低。为了提高铝酸盐水泥熟料的质量，应将原材料中 SiO_2 含量控制在最低程度。此外，Fe_2O_3 在加热过程中会形成 C_2F（铁酸二钙的简写，全拼为 $2CaO \cdot Fe_2O_3$），该矿物相的熔融温度远低于 CA 和 CA_2，易形成液相。液相出现的过早或过多，均会给铝酸盐水泥的烧结造成困难。故烧结前，必须将原料中的 Fe_2O_3 含量控制在较低的范围内。

2. 铝酸盐水泥的组成

铝酸盐水泥的主要化学组成为 CaO、Al_2O_3 和 SiO_2，还存在少量的 Fe_2O_3、MgO 及 TiO_2 等。目前国际上一般根据熟料中 Al_2O_3 的含量（质量分数）将铝酸盐水泥划分为不同等级，如低纯铝酸盐水泥（Al_2O_3＜50%）、中纯铝酸盐水泥（50%≤Al_2O_3≤60%）、高纯铝酸盐水泥（Al_2O_3＞60%）。但无论铝酸盐水泥的品种或等级如何，其主要矿物组成均包括 CA、CA_2、$C_{12}A_7$ 以及 C_2AS（$2CaO \cdot Al_2O_3 \cdot SiO_2$ 的简写）。

3. 铝酸盐水泥的物理特性

（1）颜色

铝酸盐水泥的颜色与其化学成分有着密切的相关性。一般而言，铝酸盐水泥中 Al_2O_3 含量越高，Fe_2O_3 含量越低，水泥的颜色越白；反之颜色越暗。铝酸盐水泥的白度高于 38%，便可用于化学建材。不同品种的铝酸盐水泥，其颜色也明显不同。CA40 级铝酸盐水泥呈现出明显的棕色，CA50 级铝酸盐水泥多为淡黄色，CA60 级铝酸盐水泥呈现浅淡黄色，而 Al_2O_3 含量很高、Fe_2O_3 含量很低的 CA70 和 CA80 级铝酸盐水泥为白色。

（2）细度

一般要求铝酸盐水泥比表面积不小于 300 m^2/kg 或 45 μm，筛余不大于 20%。我国工厂生产中实际控制铝酸盐水泥的 45 μm 筛余量通常在 10%左右。铝酸盐水泥的细度和 Al_2O_3 的含量紧密相关，Al_2O_3 的含量越高，水泥的比表面积往往越大。例如，Al_2O_3 含量为 50%的铝酸盐水泥，其比表面积为 400 m^2/kg 左右；而 Al_2O_3 含量为 70%的铝酸盐水泥比表面积约为 420 m^2/kg；当 Al_2O_3 含量达到 80%，铝酸盐水泥比表面积可达到 800 m^2/kg 以上。但即便是相同筛余或相同比表面积的水泥，其性能也会出现很大差异。因此，应全面控制磨制水泥的细度状态，包括细度（比表面积和筛余）、粒径分布、颗粒形状和堆积密度。

（3）密度

铝酸盐水泥的相对密度为2.93～3.25，容积密度为1000～1300 kg/m³。

各种类型铝酸盐水泥的相对密度同样受到其化学组成的影响，一般含铁量越多，相对密度越大。此外，水泥矿物相及其水化产物的密度是研究水化时体积变化的基本依据。

（4）凝结时间

铝酸盐水泥的凝结速度基本上与硅酸盐水泥相当，且在生产时无需加入石膏作为缓凝剂。

一般而言，提高液相pH值便可加速水泥的凝结，反之则延缓水泥的凝结。例如，NaOH、$Ca(OH)_2$、Na_2CO_3、Na_2SO_4等会缩短铝酸盐水泥的凝结时间；而NaCl、KCl、$NaNO_3$、酒石酸、柠檬酸、糖蜜、甘油等均可延长凝结时间。此外，掺入15%～60%的硅酸盐水泥，铝酸盐水泥会发生闪凝。这是由于硅酸盐水泥水化生成的$Ca(OH)_2$与铝酸盐水泥水化析出的低碱性水化铝酸钙、铝胶等迅速反应生成C_3AH_6，从而破坏了起缓凝作用的铝胶，致使浆体发生闪凝。铝酸盐水泥的凝结时间仅为施工性能的一方面，用作建筑材料时类似于硅酸盐水泥，但用作耐火材料时还需检测所配混凝土的可施工性。

（5）力学强度

铝酸盐水泥的强度发展迅速，水化1 d几乎可达到最高强度，且往往可以超过硅酸盐水泥的28 d强度值。铝酸盐水泥的强度变化受温度影响较大，其在低温下（5～10 ℃）也能很好地硬化，但高温（30 ℃以上）养护时强度倒缩，这与硅酸盐水泥的特性截然相反。鉴于铝酸盐水泥高温下强度倒缩的特性，其使用温度一般不宜超过30 ℃，更不宜采用蒸气养护。

针对铝酸盐水泥相转变导致的强度倒缩问题，一方面，减小水灰比可以有效缓解铝酸盐水泥强度随龄期延长的下降问题。例如，当一组铝酸盐水泥混凝土的水灰比为0.48时，其30年的抗压强度为7 d强度值的50%～60%；而当水灰比减小至0.30，铝酸盐水泥混凝土的30年抗压强度仍保持在7 d强度值的80%～90%。另一方面，掺加适量的石灰石或粉煤灰等掺合料可延缓铝酸盐水泥的相转变，从而使铝酸盐水泥的长期强度下降幅度减小。

（二）铝酸盐水泥的性能与应用

1. 铝酸盐水泥的性能

（1）耐高温性能

铝酸盐水泥具有较好的耐高温性，在高温条件下仍能保持较高的强度。例如，采用CA50级铝酸盐水泥配制的耐火混凝土干燥后在900 ℃下仍保持原始强度的70%左右，在1300 ℃下尚保留原始强度的53%。这主要是由于固相烧结反应逐步替代了水化结合反应。具体来讲，当铝酸盐水泥作为耐火材料的胶结剂时，其水化产物在低于800 ℃的受热环境中会自行脱水。

随着受热温度的升高，高温强度逐渐提升，耐火性进一步增强；且铝酸盐水泥中的Al_2O_3含量越高，耐火性能越好。值得注意的是，CA_6（熔融温度为1860 ℃，高于CA和CA_2）在水泥熟料烧成过程中无法生成，但在铝酸盐水泥用作耐火材料的受热过程中出现，进一步提高了水泥石的耐高温性能。

不同品种或不同细度的铝酸盐水泥在温度为800～1200 ℃均会发生强度下降，该温度范围通常被称为中温强度下降区。该区主要是由铝酸盐水泥水化产物胶结结构向瓷化结构过渡时发生体积变化所致。铝酸盐水泥中Al_2O_3含量越高，该温度区间内强度下降的幅度越低。CA50级铝酸盐水泥的中温强度下降幅度在40%～60%，而CA70级铝酸盐水泥的强度下降范围为30%～35%。但这种中温强度下降的问题并不影响其作为耐火材料的推广使用，掺加适量的α-Al_2O_3微粉可缓解甚至基本解决该问题，选择适宜的集料也可以进一步提高铝酸盐水泥耐火制品的高温强度。

（2）耐腐蚀性能

铝酸盐水泥具有良好的抗弱酸腐蚀性能，即便是在稀酸（pH≥4）环境中，也能保持较好的稳定性。

此外，铝酸盐水泥同样具有良好的抗硫酸盐腐蚀、抗海水腐蚀性能。铝酸盐水泥的抗硫酸盐腐蚀性甚至优于硅酸盐水泥。这主要是因为铝酸盐水泥水化无 $Ca(OH)_2$ 生成，水泥浆体的液相碱度低，从而使得水泥中铝酸钙相与硫酸盐介质反应生成的水化硫铝酸钙或硫酸钙晶体分布较均匀，不会产生应力集中。此外，铝酸盐水泥水化生成铝胶，使得水泥石结构更加致密，抗渗性较好。

2. 铝酸盐水泥的应用

(1) 耐火材料领域

铝酸盐水泥的耐高温性能优异，可用于制作不定形耐火材料，且不同品种的铝酸盐水泥耐火浇筑料均具有较宽的温度适用范围。其在耐火材料领域的地位目前是无法取代的，具有良好的发展前景。CA50 级铝酸盐水泥制作的耐火浇筑料主要用于工作温度低于 1400 ℃的中温设备，如水泥预分解窑的分解炉和预热器的内衬、回转窑内配套用耐火砌块等。CA60 级铝酸盐水泥结合使用集料的性能可配制适用于 1400～1600 ℃的耐火浇筑料，用于建造航天火箭发射台的导流槽等。CA70 级和 CA80 级铝酸盐水泥配以适宜集料，能够制作用于 1600 ℃以上的耐火浇筑料；这两种铝酸盐水泥杂质成分含量低，抵抗 CO、H_2、CH_4 等还原性介质的侵蚀能力强，适用于配制冶金和化工等行业中高温、高压和还原条件下使用的不定形耐火材料，也可应用于水泥生产使用的回转窑窑口、喷煤管和冷却机热端等部位，以确保设备的长期运转。

(2) 化学建材领域

铝酸盐水泥已有上百年的应用发展史，其快硬早强的特点备受化学建材界的青睐。过去，人们主要根据单一水泥的特点进行利用。例如，根据优异的抗海水侵蚀性将其应用于海港工程；根据硬化迅速的特点将其应用于紧急抢修工程等。此外，可以配制自流平砂浆、快硬修补砂浆、黏结砂浆、浇筑砂浆等；还可以制作各种建筑装饰造型、用作瓷砖胶黏剂和瓷砖薄胶泥等；利用铝酸盐水泥 Al_2O_3 含量高的特点，可用于管道防腐蚀、防辐射混凝土工程等。

利用铝酸盐水泥在石膏作用下水化形成钙矾石的特点，调整铝酸盐水泥的化学组成，从而能够衍生出许多不同品种及用途的水泥。例如，掺入适量石膏可制成石膏膨胀铝酸盐水泥和铝酸钙膨胀剂，用作密封堵漏材料、混凝土补偿剂等；还可制成自应力铝酸盐水泥，用于制作混凝土自应力压力管以代替铸钢压力管；另外可制成快硬或早强铝酸盐水泥，将其用作高水速凝固结充填材料，用于矿山填充和煤矿巷旁支护、密闭、封堵等。但铝酸盐水泥强度倒缩问题严重限制了其在建筑结构领域的应用，迄今单独用作结构工程案例仍非常有限。

（3）冶金工业领域

冶金工业中，随着炉外精炼和高质量低硫钢冶炼技术的不断进步，造渣技术也逐渐由钙氟渣（$CaO-CaF_2$）转变为钙铝渣（$CaO-Al_2O_3$）。钙氟渣（含萤石渣）对炼钢炉内衬具有较强的腐蚀性，且高温作用下产生的氟化物气体也不利于环境保护。而高碱性钙铝渣具有很好的脱硫作用，可以为精炼洁净钢提供更好的条件。因此在冶金工业中，许多国家已经在炼钢过程中限制萤石作为精炼剂的使用量，反之推广使用铝酸盐水泥熟料作为精炼剂。铝酸盐水泥熟料具有熔点低、形成的熔渣黏度低、流动度高、脱硫能力强、腐蚀性弱、无污染等特点，且可用于制造炼钢挡渣球，具有十分广阔的发展前景。

用于炼钢造渣剂的铝酸盐水泥熟料是由精选的钙质、铝质原材料按适当比例配合，经高温烧至部分熔融或全部熔融制备而成（或将原材料磨细并均化后直接烧结，或成型后烧结）。其矿物组成为 CA、CA_2、C_3A、$C_{12}A_7$，也可根据不同要求掺入少量铁质、镁质原材料，从而生成 C_4AF、镁铝尖晶石等。

（4）水处理领域

随着我国社会经济的迅速发展，城市和工业用水量不断增长，水资源的二次利用已成为工业社会发展的必然趋势。在水处理行业，高效净水剂是城市废水、工业废水深度处理过程中必不可少的外加剂。高效净水剂不仅能够去除水中的藻类等各种悬浮杂质，而且可以有效去除油分、磷等污染物，降低水体色度等。近年来，水处理行业积极采用低成本、高效率的铝酸盐产品制作高效净水剂，从而为铝酸盐水泥的应用开拓了新的发展空间。

将铝酸盐水泥（水处理行业通常称为铝酸钙粉或钙粉）粉磨至一定细度后，加入适量工业用酸（盐酸、硫酸等），两者反应生成以氯化铝或硫酸铝为主的铝盐，同时加入适量的生活用水，最终形成具有高分子结构的聚合氯化铝｛$[Al_2(OH)_mCl_{6-m}]_n$｝或聚合硫酸铝｛$[Al_2(SO_4)_3 \cdot nH_2O]$｝。这种铝盐净水剂被广泛应用于城市饮用水、工业用水和各种废水处理与净化。但由于硫酸铝对水处理设备具有一定的腐蚀性，不利于设备的长期使用，因此工业上大多以盐酸作为铝酸盐水泥的溶解质，从而生产聚合氯化铝类净水剂。聚合氯化铝作为一种具有立体网状结构的无机高分子核络合物，是水溶性多价聚合电解混凝剂，在水解过程中伴随发生电化学、凝聚、吸附和沉淀等物理化学变化，从而达到净化水的目的。

五、硫铝酸盐水泥

（一）硫铝酸盐水泥的生产

1．原材料

（1）铝矾土

硫铝酸盐水泥生产对矾土的 Al_2O_3 含量要求低，还允许有较大量 Fe_2O_3 存在。而且生料中要求含一定数量的硫，所以可以使用 Al_2O_3 生产所不能使用的高硫型矾土。因此，硫铝酸盐水泥生产很大程度上拓宽了矾土矿的使用范围，使一些低品位矾土矿被充分利用。另外，生产电解铝后剩下的工业废料——铝渣（其氧化铝含量较高），也可作为原料来生产硫铝酸盐水泥，但应注意其中碱含量的问题。矾土中的碱成分对硫铝酸盐水泥熟料性能有较大影响，其中钾、钠（K_2O、Na_2O，统称为 R_2O）的影响是十分严重的。当熟料中 R_2O 的含量超过0.5％时，会使熟料的凝结时间急剧加快，造成水泥石的初始结构缺陷，进而导致后期强度降低；当 R_2O 含量超过1.0％时，甚至会造成水化产物急剧膨胀，致使水泥石开裂。因此，必须严格控制熟料中的 R_2O 的含量在0.5％以内。

（2）石灰石

在保证 CaO 含量的前提下，可采用硅酸盐水泥生产中由于 MgO 含量过高而无法使用的石灰石作为硫铝酸盐水泥的原材料。另外，配制生料时要引入大量石膏，所以对石灰石中 SO_3 含量也不作限制，从而能大大拓宽石灰石资源的利用范围。石灰石不仅是配制生料的原材料，还是磨制水泥时的混合材料。一般可加入 10%～30%的石灰石，但要求不能夹杂黏土，否则会影响硫铝酸盐水泥的质量。

（3）石膏

硫铝酸盐水泥在生产过程中不仅在配制生料时要掺入 20%左右的石膏，而且在磨制水泥时根据品种不同要掺入 15%～40%的石膏。生料配制中则可用硬石膏完全取代二水石膏，这为我国硬石膏资源利用开辟了新的途径。

2. 生产工艺

（1）生料制备

首先，将石膏、矾土和石灰石用颚式破碎机进行一级破碎。然后，石膏和矾土用细碎颚式破碎机进行二级破碎，石灰石用立轴式锤式破碎机进行二级破碎。经破碎后的石灰石和矾土分别进入小型断面切取预均化库，预均化后再进入原料储存库；破碎后的石膏直接进入原料储存库。各种原料在库底采用微机质量配料，然后进入粉磨兼烘干的闭路粉磨系统进行粉磨，所得生料进入间隙式低压搅拌库进行生料均化，均化后的生料进入生料库储存。窑尾电收尘和增湿塔收下来的窑灰与生料同时进入搅拌库一起均化。

（2）熟料烧成

将均化好的生料用气力提升泵打入立筒预热窑，烧成的熟料进入冷却机冷却。随后，经颚式破碎机破碎后用输送机运到熟料储存库库顶，同时对熟料进行计量。采用多库放料的办法使熟料达到一定程度的均化，不正常煅烧所得熟料进入欠烧库。混合材和石膏经过破碎后分别送入储存库。

(3) 水泥制成

采用水泥磨微机自动控制配料系统在库底进行配料，配好的物料输送进闭路水泥粉磨系统。所得水泥进入间歇式均化库进行均化，然后送入水泥库储存，最后分批包装。

(二) 硫铝酸盐水泥熟料的形成化学

1. 硫铝酸盐水泥熟料的成分

(1) 化学组成

硫铝酸盐水泥熟料（CSA）的主要化学成分为 SiO_2、Al_2O_3、CaO、SO_3，另外还含有少量的 Fe_2O_3、TiO_2、MgO 等。铁铝酸盐水泥熟料（FCA）的主要化学成分为 SiO_2、Al_2O_3、CaO、Fe_2O_3、SO_3，另外还含有少量的 TiO_2、MgO 等。

(2) 矿物组成

硫铝酸盐水泥熟料和铁铝酸盐水泥熟料主要矿物组成的种类基本一致，只是各矿物含量不同。此外，还存在少量的钙钛矿、方镁石、游离石膏等其他矿物；在煅烧不正常情况下还可能存在 $C_{12}A_7$、CA、C_2AS 和 $2C_2S \cdot CaSO_4$ 等。

2. 硫铝酸盐水泥熟料形成的影响因素

(1) 原材料及生料成分对烧成熟料的影响

生料的化学成分及其均匀性是保证烧出合格熟料的基础。生料不均匀将会直接引起熟料化学成分、矿物组成的变化，给熟料的烧成带来困难。因此，要根据生产窑的设备状况和热工制度，将碱度系数和 SO_3 含量等控制在合适的指标范围内。

(2) 生料中 MgO 对熟料形成的影响

熟料中的氧化镁主要由生料中的石灰石或石膏引进，其对熟料烧成的影响主要表现在使烧成范围变窄，易出现液相。熟料中 MgO 主要以方镁石存在，其结晶极为细小不会对水泥的安定性产生影响。但为确保水泥的安定性起见，通常要求熟料中 MgO 的含量应少于 3.5%。

第三章　新型墙体建筑材料

第一节　砌墙砖

一、蒸压灰砂砖

蒸压灰砂砖是以石灰和砂为主要原料，经计量配料、搅拌、混合、消化、压制成型、蒸压养护、成品包装等工序而制成的实心或空心砖，它是典型的硅酸盐建筑制品，主要用于多层混合结构建筑的承重墙体。

1958 年我国开始研究发展蒸压灰砂砖。1960 年用从国外引进的十六孔转盘式压砖机，在北京硅酸盐制品厂建成蒸压灰砂砖生产线。生产技术和设备经消化吸收和改进后，新建了一条生产线。随后在十六孔转盘式压机的基础上，研制了八孔转盘式压机。自此，蒸压灰砂砖在有砂和石灰石资源而又缺乏黏土资源的地区迅速发展，蒸压灰砂砖成为许多地方的主要墙体材料。

灰砂砖是一种技术成熟、性能优良、生产节能的新型建筑材料，在有砂和石灰石资源的地区，应大力发展，以替代黏土砖。

(一) 灰砂砖生产工艺

1. 原材料

砂子和石灰是生产灰砂砖的主要原料。砂子可用河砂、海砂、风积砂、沉积砂和选矿厂的尾矿砂等，砂中的 SiO_2 应大于 65%，级配较好。石灰应采用生石灰（CaO 含量＞60%），生石灰的质量直接影响灰砂砖的质量，故应尽可能选用含钙量高、消化速度快、消化温度高、过火和欠火石灰量少的磨细钙质生石灰。

2. 混合料的制备

混合料的制备包含原材料的计量与搅拌、混合料的消化、混合料的二次搅拌等工序。制备混合料之前，必须进行配合比设计。设计配合比要考虑使砖坯有足够的强度和使产品达到事先确定的性能，如强度、耐久性、抗冻性和在侵蚀介质中的稳定性等。并非砖坯强度越高越好。产品强度高虽好，但强度越高石灰就要用得越多，对砂子质量要求就要越好，这就意味着成本提高。因此，配合比设计是找到技术上和经济上最优化的临界点。石灰的掺量以有效 CaO 计，一般占砂的 10%～15%。

3. 砖坯成型

成型是灰砂砖生产最重要的环节之一。包括四个生产工序，即将松散的混合料加入压砖机模孔中、加压成型、取出砖坯、码坯。

灰砂砖的成型压力越大，砖坯的密实度、强度越高。但压力过大，混合料的弹性阻抗大，反而会使砖坯膨胀、层裂，故成型压力一般不超过 20 MPa。加压时间对砖坯强度也有一定影响，压制时间过短，砖坯强度低，但压制时间过长也没意义。

4. 蒸压养护

灰砂砖的结构形成是靠 $Ca(OH)_2$ 与砂子中的 SiO_2 发生化学反应生成具有胶凝性质的水化硅酸钙，将砂子胶结成整体而成。该反应在常温下速度极慢，无法满足生产需求，在高温（即蒸压养护）条件下，反应速度大大加快，可使混合料在很短的时间内形成很高的强度。

蒸压养护在蒸压釜内进行，整个过程分为静停、升温升压、恒温恒压、降压降温四个工序。静停可使砖坯中的石灰完全消化、提高砖坯的初始强度，从而防止蒸压过程中的制品胀裂。蒸压养护的蒸汽压力最低要达到 0.8 MPa，一般不超过 1.5 MPa，在 0.8～1.5 MPa 压力范围内，相应的饱和蒸汽温度为 170.42～198.28 ℃。升温升压速度不能过快，以免砖坯内外温差、压差过大而产生裂纹，恒温恒压 4～6 h。未经蒸汽压力养护的灰砂砖只能是气硬性材料，强度低，耐水性差。

（二）灰砂砖的应用

灰砂砖经模具压制，尺寸精度高，表观质量好，抗压强度较高，可替代黏土砖用于各种砌筑工程，也可用于清水砖砌墙，但因灰砂砖的组成材料和生产工艺与烧结黏土砖不同，某些性能与烧结砖不同，施工应用时必须加以考虑，否则易产生质量事故。

（1）灰砂砖砌体的收缩值比烧结黏土砖砌体高，为减少干缩，灰砂砖出釜1个月后才能上墙砌筑，使灰砂砖的收缩在砌筑前基本完成。

（2）禁止用干砖或含饱和水的砖砌墙，以免影响灰砂砖和砂浆的黏结强度以及增大灰砂砖砌体的干缩开裂。不宜在雨天露天砌筑，否则无法控制灰砂砖和砂浆的含水率。由于灰砂砖吸水慢，施工时应提前2 d左右浇水润湿，灰砂砖含水率宜为8%～12%。

（3）由于灰砂砖表面光滑平整、砂浆与灰砂砖的黏结强度不如与烧结黏土砖的黏结强度高等原因，灰砂砖砌体的抗拉、抗弯和抗剪强度均低于同条件下的烧结砖砌体。砌筑时应采用高黏性的专用砂浆。砂浆稠度约7～10 cm，不能过稀。当用于高层建筑、地震区或筒仓构筑物时，还应采取必要的结构措施来提高灰砂砖砌体的整体性。在灰砂砖表面压制出花纹也是增大灰砂砖砌体的整体性的有效措施。

（4）温度高于200 ℃时，灰砂砖中的水化硅酸钙的稳定性变差，如温度继续升高，灰砂砖的强度会随水化硅酸钙的分解而下降。因此，灰砂砖不能用于长期超过200 ℃的环境，也不能用于受急冷急热的部位。

（5）灰砂砖的耐水性良好，处于长期潮湿的环境中强度无明显变化。但灰砂砖呈弱碱性，抗流水冲刷能力较弱，因此灰砂砖不能用于有酸性介质侵蚀的部位和有流水冲刷的部位，如落水管处和水龙头下面等位置。

（6）对清水墙体，必须用水泥砂浆二次勾缝，以防雨水渗漏，房屋宜做挑檐。

二、蒸压粉煤灰砖

蒸压粉煤灰砖是以粉煤灰、石灰、石膏以及骨料为原料，经配料、搅拌、轮碾、压制成型、高压蒸汽养护等生产工艺制成的实心粉煤灰砖。

生产蒸压粉煤灰砖可大量利用粉煤灰，而且可以利用湿排灰。生产1 m^3 砖至少可用800 kg粉煤灰，一个年产5000万块砖厂可用掉近6万吨粉煤灰。这无疑对节约土地，改善生态环境具有重要意义。

（一）蒸压粉煤灰砖生产工艺

1. 原材料

原材料主要有粉煤灰、石灰、石膏和骨料。石灰应尽可能选用有效氧化钙含量高、消化速度快、消化温度高的新鲜生石灰。一般要求有效氧化钙大于60％，氧化镁小于5％，消化速度小于15 min，消化温度大于60 ℃，细度用方孔边长0.08 mm筛筛余应小于15％。

石膏可用天然石膏或工业副产石膏，要求 $CaSO_4$ 含量大于65％。采用工业副产石膏应对其杂质加以限制。石膏的细度亦应小于15％。

骨料的种类及掺量直接影响砖的强度及收缩值。骨料掺量增加，还可显著改善成型工艺特性，减少物料分层。可采用工业废渣、砂以及细石屑等。

2. 配料搅拌

按配合比进行配料，目的是通过生产工艺过程使各原料相互作用，生成一定水化产物和结构，使蒸压粉煤灰砖达到要求的强度及其他性能。配料要计量准确，而且要根据原材料产量的波动变化及时调整。搅拌就是要使各原料能混合均匀。

3. 消化

又称“陈化”，目的是使生石灰充分消解，生成的 $Ca(OH)_2$ 与粉煤灰等材料产生预水化反应，提高拌和料的可塑性，提高坯体的成型性能，而且还可防止在蒸压过程中因石灰消化引起体积膨胀使砖胀裂的现象发生。这里需要注意的是，石灰一定要充分消化。

4. 轮碾

轮碾对拌和料起到压实、均化和增塑的作用，可提高砖坯的极限成型压力。同时轮碾又使粉煤灰在碱性介质中的活性得以激发。这种共同作用的结果，改善和提高了蒸压粉煤灰砖的质量。

5. 压制成型

经过轮碾的拌和料送入压转机的料仓，经布料压制成型砖坯。成型的压力、加压速度等对砖的质量影响较大。压砖机的压力小，砖坯不密实；压制速度快，砖坯内的气体不能很好排出，会造成砖坯分层和裂纹。压制后砖坯的外观质量应达到标准规定的要求。

6. 码坯静停

成型好的砖坯放在养护小车上，送至静停线编组静停。静停的作用是使砖坯在蒸压养护之前达到一定强度，以便在蒸压养护时能抵御因温度变化产生的应力，防止砖坯发生裂纹。

7. 蒸压养护

砖坯在蒸压釜内养护分为升温、恒温和降温三个阶段。合理的蒸压养护制度是确保粉煤灰砖质量的前提。当蒸汽压力由 0.8 MPa 上升到 1.0 MPa 时，小试件抗压强度提高 30%～40%，当蒸汽压力由 0.8 MPa 上升到 1.2 MPa 时，抗压强度几乎增加一倍。温度升高，托勃莫来石含量增加，当 CSH 凝胶与托勃莫来石达到最佳比例时，能同时满足强度和收缩要求。因此，蒸压养护时间宜为 10～12 h，蒸汽压力不宜小于 1.0 MPa。

(二) 施工应用

蒸压粉煤灰砖的建筑设计与施工，一些地方已制定了专门的地方规程，但目前还没有全国统一的专门规程。设计与施工主要采用普通黏土砖、烧结粉煤灰砖的规程和规范，即 GBJ 3—88《砌体结构设计规范》和 GB 50203—98《砌体工程施工及验收规范》，有抗震要求的建筑物还应符合 GB 50011—2011《建筑抗震设计规范》的规定。

蒸压粉煤灰砖与普通黏土砖在性能上有较大的差别，因此在使用过程中必须有相应措施。

(1) 压制成型的粉煤灰砖比黏土砖表面光滑、平整，并可能有少量起粉，这些使砂浆的黏结力较低，使砌体抵抗横向变形能力减弱。为此应设法提高砖与砂浆的黏结力，应尽可能采用专用砌筑砂浆。

（2）粉煤灰砖的初始吸水能力差，后期的吸水不能满足随砌筑的施工要求，而须提前湿水，保持砖的含水率在10%左右，才能保证砌筑质量。此特性还要求砂浆的保水性较好，再考虑黏结性，在承重结构中，不能采用强度等级低于M7.5的砂浆砌筑，或采取其他措施来保证砌筑质量。

（3）粉煤灰砖出釜后3 d内收缩较大，平均每天收缩0.019 mm/m；3 d至10 d内，平均每天收缩0.005 mm/m；30 d后收缩逐渐趋于稳定，平均每天收缩0.003 mm/m。为了避免砖的收缩对建筑物的不良影响，出釜后的砖应存放一周以后才能用于砌筑，雨季施工应采取防雨措施。

（三）防止开裂措施

根据对蒸压粉煤灰砖的检查，在底层窗台下发现有裂缝。为此，在窗台、门、洞口等部位应适当增设钢筋，以防止这些部位的裂缝。此外，还应适当增设圈梁，减少伸缩缝间距离，或采取其他措施，以避免和减少裂缝的产生。

第二节　建筑砌块

建筑砌块是国内外广泛采用的一类新型砌筑材料，目前在我国使用的广泛程度略次于砌墙砖。在我国，混凝土小型空心砌块的广泛使用始于20世纪六七十年代。现在建筑砌块已成为黏土实心砖的理想替代产品。

从建筑结构的角度来看，混凝土小型砌块建筑属于砌筑结构范畴。亦即凡采用砌墙砖砌筑的建筑，均可以采用混凝土小型空心砌块组合砌筑。两者在建筑文化上的继承性，同时也因为混凝土小型砌块自身的诸多优势，如原材料来源广、生产工艺简单、生产效率高、无需烧结或蒸汽养护、生产能耗低、造价低廉、施工应用适应性强、自重较轻、组合灵活、施工较黏土砖简便、快速等特点，得以迅速发展而成为我国的主导建筑材料。

与普通混凝土小型砌块相比，以各种天然或人造轻骨料、粉煤灰、煤矸石、炉渣等工业废弃物为主要原材料制作的轻质小型混凝土砌块以及一些其他种类的轻质砌块，如加气混凝土砌块、石膏砌块等，由于自重更轻，保温绝热吸声效果及抗震性能更好，因此也更具有生命力。

普通混凝土砌块材料来源广泛、生产技术简便、产品规整、强度高，对砌块建筑的推广、发展所起的作用毋庸置疑。但与实心黏土砖一样，其同样存在自重大，抗震性能较差，绝热、吸声等使用功能相对较差等不足。因此，轻型砌块是我国建筑砌块的发展方向。

一、砌块定义及分类

（一）定义

砌块是建筑用人造块材，外形为直角六面体，也有各种异型的。砌块系列中主规格的长度、宽度或高度有一项或一项以上分别大于365 mm、240 mm或115 mm，但高度不大于长度或宽度的6倍，长度不超过高度的2倍。主规格的高度大于115 mm而又小于380 mm的砌块，称为小型砌块；主规格的高度为380～980 mm的砌块，称为中小型砌块；主规格的高度大于980 mm的砌块，称为大型砌块。

（二）砌块的分类与应用

砌块按尺寸规格不同，分为小型砌块、中型砌块和大型砌块；按孔洞设置不同，分为空心砌块（空心率不小于25%）、实心砌块（空心率小于25%）。

墙用砌块按形状和用途不同，可分为结构型砌块（通用砌块）、构造型砌块、装饰砌块和功能砌块等。结构型砌块有承重砌块与非承重砌块之分。砌块通常又可按其所用主要原料及生产工艺命名，如水泥混凝土砌块、粉煤灰硅酸盐混凝土砌块、多孔混凝土砌块、石膏砌块、烧结砌块等。

构造型砌块是指适应墙体某些特殊部位构造要求的专用砌块，如过梁砌块、圈梁砌块、门窗框砌块、控制缝砌块、柱用砌块及楼（屋）面砌块等。

装饰型砌块是现代砌块建筑中极为流行的一种砌块，可作房屋的外墙面、内墙饰面、门厅映壁、隔断等，以其多姿多彩的表面产生独特的艺术效果，使砌块建筑具有活跃、典雅、华丽的格调。装饰砌块可以采用劈裂、模制、琢毛、磨光、塑压及贴面等多种工艺制作，根据业主和建筑师的要求，可以通过变换混凝土的原材料、图案、颜色以及在砌筑时选用不同砌块拼花等手法，使砌块建筑呈现出千姿百态。

功能砌块是为改善砌块建筑的某些使用功能而特殊加工的，主要有绝热砌块、吸声砌块、抗震砌块等。

由于砌块规格较大，因而制作效率高，同时也能提高施工机械化程度；所采用的原材料可以是砂、石、水泥，也可以是炉渣、粉煤灰、煤矸石等工业废料，与传统黏土砖相比可保护耕地、减少生产能耗和环境污染，因此是建筑上常用的新型墙体材料，具有广阔的发展前景。

二、普通混凝土小型空心砌块

（一）普通混凝土小型空心砌块的生产工艺

1. 原材料

普通混凝土小型空心砌块是以水泥为胶凝材料，砂石为骨料，加水搅拌、振动加压或冲击成型，再经养护制成的一种具有一定空心率的墙体材料，空心率不小于25%。

水泥作为生产混凝土砌块的胶凝材料，水泥品种一般选择普通硅酸盐水泥、矿渣水泥、火山灰水泥或复合水泥，宜采用散装水泥。水泥的强度一般选用32.5 MPa。可掺入部分粉煤灰或粒化矿渣粉等活性混合材料，以节约水泥。

细骨料主要采用砂、石屑，粗骨料可采用碎石、卵石或重矿渣等，骨料应有良好的级配，以提高砌块拌和物的和易性，便于成型。提高混凝土砌块的密实性，提高强度和砌块的抗渗性。

2. 成型方法

原材料经计量后，应采用强制式搅拌以保证搅拌质量，控制好用水量。

砌块的模具及成型机的性能是生产混凝土空心砌块的关键。砌块成型包括喂料、振动加压和脱模三个过程。喂料是在设备振动的情况下使混凝土拌和料充填模具至预定喂料高度并形成均匀水平面的过程，在此过程中拌和料需要克服与模具的黏附作用力而尽可能把狭窄的模具空间填实。振压是通过成型设备的强力振动加压使模具内的拌和料紧密成型至具有规格高度的坯体。脱模是使坯体顺利从模具中脱出，保持坯体完好的外形。成型周期由喂料时间、振实时间和脱模复位时间组成。

3. 养护

混凝土空心砌块的养护可采用自然养护和蒸汽养护。自然养护较经济，但养护时间长，堆场面积大；蒸汽养护应控制好坯体的静停养护时间，升温速率、恒温的温度和恒温时间以及降温速率。

（二）普通混凝土小型空心砌块的标记

普通混凝土小型空心砌块按产品名称（代号 NJHB）、强度等级、外观质量等级和标准编号的顺序进行标记。

（三）普通混凝土小型空心砌块的应用

普通混凝土小型空心砌块可用于一般工业与民用多层建筑的承重墙体及框架结构填充墙。使用砌块作墙体材料时，应严格遵照有关部门颁布的技术标准、设计规范与施工规程。

这种砌块在砌筑时一般不宜浇水，但气候特别干燥炎热时，可在砌筑前稍喷水湿润。砌筑时尽量采用主规格砌块，并应先清除砌块表面污物和心柱所用砌块孔洞的底部毛边。采用反砌（即砌块底面朝上）时，砌块之间应对孔错缝搭接，所埋设的搭接钢筋或网片，必须放在砂浆层中，不能用砌块和砖混合砌筑承重墙。

混凝土小型空心砌块的应用技术要点如下：①砌块强度必须达到设计强度等级；②龄期达 28 d，并且干燥后方可砌筑；③砌筑砂浆需具有良好的和易性，砂浆稠度小于 50 mm，分层控制在 20～30 mm 之间；④砌筑的水平灰缝厚度和竖直灰缝密度控制在 8～12 mm 之间，水平灰缝砂浆饱满度不得低于 90%，竖缝不得低于 80%；⑤当填充墙砌至顶面最后一层皮，亏上部结构接触处宜用实心小砌块斜砌楔紧；⑥洞口、管道、沟槽和预埋件等，应在砌筑时预留或预埋，严禁在砌好的墙体打凿。

三、轻集料混凝土小型空心砌块

轻集料混凝土小型空心砌块是以水泥为胶凝材料、炉渣等工业废渣为轻骨料加水搅拌，振动成型，经养护而成的具有较大空心率的砌体材料。粉煤灰、各种外加剂等有利于充分利用工业废渣、减少水泥用量、提高早期强度、改善和易性及其他性能。

轻集料混凝土小型空心砌块中的骨料采用轻质骨料。若粗骨料和细骨料均采用轻质材料称全轻骨料，轻集料混凝土小砌块按其采用的轻质骨料品质不同，可分为陶粒混凝土小砌块、火山渣混凝土小砌块、煤渣混凝土小砌块和自然煤矿石混凝土小砌块等。轻集料混凝土小砌块的特点是品种繁多、自重轻，强度高、施工方便、砌筑效率高，可以充分利用地方资源及大量工业废渣，保温隔热性能好，抗震性能强、防火、吸声、隔声性能优异，综合经济效益好等。目前，较为广泛地应用于框架结构的填充墙、各类建筑非承重墙及一般低层建筑墙体。

（一）生产

轻集料混凝土小型空心砌块的生产与普通混凝土小型实心砌块的生产类似，不同之处在于骨料采用轻质骨料。由于轻骨料的吸水率较大，强度较低，因此，轻骨料应预湿水，使轻骨料拌和物的和易性较为稳定，便于成型。另外，成型施加压力不能过大，否则易压碎面层和轻骨料，影响轻骨料混凝土的质量。成型后的砌块应加强保温养护防止开裂。在考虑轻集料小型空心砌块强度同时，应考核其表观密度和其他技术经济指标。综合考虑强度、表观密度、成本之间的平衡点和优化值。

轻集料混凝土小型空心砌块按砌块孔的排数不同分为五类，即实心（0）、单排孔（1）、双排孔（2）、三排孔（3）、四排孔（4）。

（二）产品等级与标记

（1）按砌块密度等级不同分为八级：500、600、700、800、900、1000、1200、1400（注：实心砌块的密度等级不应大于800）。

（2）按砌块强度等级不同分为六级：1.5、2.5、3.5、5.0、7.5、10.0。

（3）按砌块尺寸允许偏差和外观质量不同，分为两个等级：一等品（B）、合格品（C）。

（4）产品标记：轻集料混凝土小型空心砌块（LHB）按产品名称、类别、密度等级、质量等级和标准编号的顺序进行标记。

（5）标记示例：密度等级为600级、强度等级为1.5级、质量等级为一等品的轻集料混凝土三排孔砌块，其标记为：LHB（3）6001.5B GB/T16229。

（三）轻集料混凝土小型空心砌块工程应用

目前，我国轻集料混凝土小砌块主要用于以下几个方面：

（1）需要减轻结构自重，并要求具有较好的保温性能与抗震性能的高层建筑的框架填充墙。超轻陶粒混凝土小砌块在此领域用量最大。

（2）北方地区及其他地区对保温性能要求较高的住宅建筑外墙。在该领域主要应用普通陶粒混凝土小砌块、煤渣混凝土小砌块、自然煤矸石混凝土多排孔小砌块等做自承重保温墙体。

（3）公用建筑或住宅的内隔墙。根据住房和城乡建设部小康住宅产品推荐专家组建议，用作内墙的轻集料小砌块密度等级宜小于800级，强度等级应不小于1.5级，小砌块的厚度以90 mm为宜。

（4）轻骨料资源丰富地区多层建筑的内承墙及保温外墙。

（5）屋面保温隔热工程、耐热工程、吸声隔声工程等。

（四）应用技术要点

由于目前我国轻骨料混凝土品种繁多，原材料来源复杂、生产工艺落后，因而小酥块的产品质量差异较大。因此，必须从生产到应用严把质量关。

（1）要严格控制轻骨料最大粒径不大于10 mm，因空心小砌块壁厚只有30 mm左右，骨料粒径过大不能保证外观质量，且增加抹灰量。以煤渣为骨料的小砌块，应控制煤渣烧失量不大于20%。

（2）严格控制轻骨料混凝土小砌块的质量。防止不合格产品上墙，造成工程隐患。特别是不允许使用强度不足及相对含水率超过标准要求的小砌块上墙，以免产生裂缝。为此要求轻骨料混凝土小砌块必须经

28天养护方可出厂，且使用单位必须坚持产品验收，杜绝使用不合格产品。

(3) 砌筑前，砌块不宜洒水淋湿，以防相对含水率超标。施工现场砌块堆放采取防雨措施。

(4) 砌筑时应尽量采用主规格砌块，并应清除砌块与表面污物及底部毛边，并应尽量对孔错缝搭砌。砌体的灰缝应横平竖直，灰缝应饱满确保墙体质量。

四、蒸压加气混凝土砌块

凡是以钙质材料或硅质材料为基本原料，以铝粉等为加气剂，经过混合搅拌、浇筑发泡、坯体静停与切割后蒸压养护等工艺制成的多孔、块状墙体材料称为蒸压加气混凝土砌块。

(一) 蒸压加气混凝土砌块生产工艺

蒸压加气混凝土砌块是由钙质材料（水泥＋石灰或水泥＋矿渣）、硅质材料（石英砂或粉煤灰）、石膏、铝粉和水制成的轻质材料，其中钙质材料与硅质材料和水是主要原料，在蒸压养护过程中生成以托勃莫来石为主的水热合成产物，其对制品的物理力学性能起关键作用；石膏作为掺合料可改善料浆的流动性与制品的物理性能；铝粉是发气剂，与$Ca(OH)_2$反应起发泡作用。

根据各地区的原材料来源情况不同，组成不同的原材料体系，从而产出不同的加气混凝土品种，如石灰砂加气混凝土、水泥矿渣砂加气混凝土、水泥石灰粉煤灰加气混凝土、水泥粉煤灰混凝土等品种。

加气混凝土的生产工艺包括原材料制备、配料浇注、坯体切割、蒸压养护、胶模加工等工序。在原材料加工制备阶段，硅质材料应先磨细，一般采用湿磨，如果有条件还可在配料后将几种主要原料一起加入球磨机中混磨，有利于改善制品性能。经过加工的各种原料分别存放在贮料仓中或缸中，各种原材料、外加剂、废料浆和处理的铝粉悬浮液依照规定的顺序分别按配合比计量加入浇注车中。浇注车一边搅拌料浆，一边走到浇注地点，逐模浇注料浆。料浆在模具中发气膨胀形成多孔坯体。

常用的模具规格有 600 mm×1500 mm×600 mm 和 600 mm×900 mm×3300 mm 等，一般浇注高度为 600 mm。刚浇注形成的坯体，必须经过一段时间静停，使坯体具有一定的强度，一般是 0.05 MPa，然后进行切割。切割好的坯体连同底模一起送入蒸压釜。坯体入釜后，关闭釜门。为使蒸汽易渗入坯体，通蒸汽前要先抽真空，真空度约达 800×10^5 Pa。然后缓缓送入蒸汽并升压，当蒸汽压力为（8～10）$\times10^5$ Pa 时，相应蒸汽温度为 175～203 ℃，为了使水热反应有足够时间进行，要维持一定时间的恒压养护。蒸汽压力较高，恒压时间就可相对缩短。8×10^5 Pa 压强下需恒压 12 h，11×10^5 Pa 压强下需恒压 10 h，15×10^5 Pa 压强下需恒压 6 h。恒压养护结束，逐渐降压，排出蒸汽恢复常压，打开釜门，拉出装有成品的模具。

（二）特性

蒸压加气混凝土砌块的特性为多孔轻质、保温隔热性能好、防火、加工性能好、可锯、可刨加工等特点，可制成建筑内外墙体。但其干缩较大，如使用不当，墙体会产生裂缝。

1. 多孔轻质

一般蒸压加气混凝土砌块的孔隙达 70%～80%，平均孔径约为 1 mm。蒸压加气混凝土砌块的表观密度小，一般为黏土砖的 1/3。

2. 保温隔热性能好

蒸压加气混凝土砌块的热导率为 0.14～0.28 W/（m·K），只有黏土砖的 1/5，保温隔热性能好，用作墙体可降低建筑物采暖、制冷等使用能耗。

3. 有一定的吸声能力，但隔声性能较差

蒸压加气混凝土砌块的吸声系数为 0.2～0.3，由于其孔结构大部分并非通孔，因此吸声效果受到一定的限制。轻质墙体的隔声性能都较差，蒸压加气混凝土砌块也不例外。这是由于墙体隔声受质量定律支配，即单位面积墙体质量越轻，隔声能力越差。

4. 干燥收缩较大

在建筑应用中，如果干燥收缩过大，在有约束阻止变形时，收缩形成的应力超过了制品的抗拉强度或黏结强度，制品或接缝处就会出现裂缝。为避免墙体出现裂缝，必须在结构和建筑上采取一定的措施。而严格控制制品上墙时的含水率也是极其重要的，最好控制上墙含水率在20%以下。

5. 吸水导湿缓慢

由于蒸压加气混凝土砌块的气孔大部分为“墨水瓶”结构的气孔，只有少部分是水分蒸发形成的毛细孔，因此孔肚大口小，毛细管作用较差，导致砌块吸水导湿缓慢。蒸压加气混凝土对砌筑和抹灰有很大影响。在抹灰前，如果采用与黏土砖同样的方式往墙上浇水，黏土砖容易吸足水量，而蒸压加气混凝土砌块表面看来浇水不少，实则吸水不多。抹灰后砖墙壁上的抹灰层可以保持湿润，而蒸压加气混凝土砌块墙抹灰层反被砌块吸去水分而容易产生干裂。还需说明的是，蒸压加气混凝土砌块应用于外墙时，应进行饰面处理或憎水处理。因为风化和冻融会影响蒸压加气混凝土砌块的寿命。长期暴露在大气中，日晒雨淋，干湿交替，蒸压加气混凝土砌块会风化而产生开裂破坏；在局部受潮时，冬季有时会产生局部冻融破坏。

(三) 应用领域及应用技术要点

蒸压加气混凝土砌块广泛用于一般建筑物墙体，可用于多层建筑物的承重墙和非承重墙及隔墙。体积密度级别低的砌块用于屋面保温。

使用蒸压加气混凝土砌块可以设计建造三层以上的全加气混凝土建筑，主要可用作框架结构、现浇混凝土结构的外墙填充、内墙隔断，也可用于抗震圈梁构造柱多层建筑外墙或保温隔热复合墙体。

(1) 蒸压加气混凝土砌块不得用于建筑物标高±0.000以下的部位或长期浸水或经常受干湿交替的部位。

(2) 不得用于受酸碱化学物质侵蚀的部位和制品表面温度高于80 ℃的部位。

(3) 为减少施工中的现场切锯工作量，避免浪费，便于备料，蒸压加气混凝土砌块砌筑前均应进行砌块排列设计。

(4) 灰缝应横平竖直，砂浆饱满，水平灰缝厚度不得大于15 mm，竖向灰缝宽度不得大于 20 mm。

（5）砌到接近上层梁、底板时，宜用烧结普通砖斜砌挤紧，砖倾斜角度为 60°左右，砂浆应饱满。

（6）对现浇混凝土养护浇水时，不能长时间流淌，避免发生砌体浸泡现象。

（7）砌块墙体宜采用黏结性能较好的专用砂浆砌筑，也可用混合砂浆，砂浆的最低强度不宜低于 M2.5。有抗震及热工要求的地区，应根据设计选用相应的砂浆砌筑，在寒冷和严寒地区的外墙应采用保温砂浆，不得使用混合砂浆砌筑。砌筑砂浆必须拌和均匀，随拌随用，砂浆的稠度以 7～10 cm 为宜。

五、粉煤灰小型空心砌块

（一）生产

粉煤灰小型空心砌块是指以粉煤灰、水泥、各种轻重集料和水为主要组分（也可加入外加剂等）拌和制成的小型空心砌块，其中粉煤灰用量不应低于原材料用量的 20%，水泥用量不应低于原材料用量的 10%。

（二）分类、等级与标记

粉煤灰小型空心砌块按孔的排数不同，分为单排孔（1）、双排孔（2）、三排孔（3）和四排孔（4）四类。

粉煤灰小型空心砌块按强度等级不同，分为 MU2.5、MU3.5、MU5.0、MU7.5、MU10.0、MU15.0 共六个等级。

粉煤灰小型空心砌块按尺寸偏差、外观质量、碳化系数不同，分为优等品（A）、一等品（B）和合格品（C）三个等级。

粉煤灰小型空心砌块（FB）按产品名称、分类、强度等级、质量等级和标准编号的顺序进行标记。

六、石膏砌块

（一）生产与特点

石膏砌块是以高强度石膏粉（天然石膏或化工石膏）为主要原料，

加入适量功能性掺料及化学外加剂配料混合、浇注成型、机械抽心、干燥养护制成的轻质石膏墙体材料。

以石膏为原料的建筑材料具有以下优点：

(1) 质轻。石膏板的质量只有同体积水泥板质量的1/4，可以有效降低建筑地基的施工费用。

(2) 美观实用。石膏建材洁白美观，可钉、可锯、防火、防冻、隔声、隔热。特别是代替纸面石膏板的纤维石膏板，强度高、防潮性能好，握钉力大。

(3) 环保。石膏建筑材料的主要成分是硫酸钙，化学性质稳定，不会产生有毒物质。

(4) 石膏与工业废渣混用可制成多种建筑材料，在环保和可持续利用战略上意义重大。

(5) 性能好、用途广。石膏板、石膏砌块可做隔墙材料；在低层建筑中可部分代替水泥；制作卫生盒子间、通风道砌块；纸面石膏板和纤维石膏可制作顶棚和隔墙；加气石膏做地面垫层有较好的保湿性能。

(6) 经济效益、社会效益明显。以石膏为主要原料的空心墙板，因原材料价格低而成本明显降低。

(7) 石膏砌块多用做内隔墙，宜用于高层框架轻板结构及各种危房改造、房屋加层、大开间分隔等内隔墙。

(二) 产品规格与分类

(1) 按石膏砌块的结构不同分成两类。石膏空心砌块，带有水平或垂直方向的预制孔洞的砌块，代号为K；石膏实心砌块，无预制孔洞的砌块，代号为S。

(2) 按石膏来源不同分成两类。天然石膏砌块，用天然石膏作原料制成的砌块，代号为T；化学石膏砌块，用化学石膏作原料制成的砌块，代号为H。

(3) 按砌块的防潮性能不同分成两类。普通石膏砌块，在成型过程中未经防潮处理的砌块，代号为P；防潮石膏砌块，在成型过程中经防潮处理具有防潮性能的砌块，代号为F。

石膏砌块外形为长方体，纵横边缘分别设有榫头和榫槽，规格为：长度666 mm，高度500 mm，厚度60 mm、80 mm、90 mm、100 mm、110 mm、120 mm。另外，还可根据用户要求制作其他规格的石膏砌块。

产品的标记顺序为产品名称、类别代号、规格尺寸和标准号。

第三节 轻质墙板

轻质墙板集装饰、装修和维护功能于一体，具有优良的保温、隔热、隔声、防火和装饰效果。采用免烧、免蒸的工艺过程，无废水、废气、粉尘及放射性污染物排放，因此在生产和使用过程中具有节能、环保功能。施工减少了运输费用，并因其轻质减轻了建筑物的自重，改变了以往的“重盖、肥梁、胖柱、深基”的落后状态，使建筑物扩大了5%～10%的使用面积，从而促进了建筑结构的改革，是为适应和满足建筑工业标准化设计、预制化生产和装配式施工的需要而发展起来的一种新型建筑材料。因其优良的性能和特点，在建筑工程中的应用正逐渐增多，受到建筑市场的普遍关注。

一、水泥刨花板

水泥刨花板是以水泥为胶凝材料，以木质材料（小径材、低品位木材及木材加工中的下脚料木屑、刨花、木丝或农作物植物纤维、蔗渣、棉秆、亚麻杆、棕榈等）的刨花纤维为增强填充材料，外加适量的化学助剂和水，经强制搅拌混匀、铺装成型、加压固结、增强养护而成。它是采用半干法生产工艺，在受压状态下完成水泥与木质材料的固结而形成的水泥、木质复合材料。

（一）水泥刨花板分类

水泥木质制品按其木质材料的几何形态可分为三类。

1．水泥木屑板

其木质形态呈粒状，在木材加工中的盘锯及带锯加工碎屑均可使用。在水泥木屑板中通常木屑粒径 10 mm 的用量比例不大于 30%，粒径 5 mm 的不大于 60%，粒径 2 mm 的为 5%，粒径小于 2 mm 的为 5%。水泥木屑板的木质材料可以是纯木屑，也可以是木屑与木刨花混用，其重量组成为木屑∶刨花=8∶2（或 6∶4）。

2. 水泥刨花板

水泥刨花板的木屑形态为刨花，其尺寸一般为长 20～40 mm，宽 4～6 mm，厚 0.2～0.4 mm。刨花的厚度影响到板的静曲强度。刨花较薄，可得到较高的静曲强度而平面抗拉强度则有所降低；刨花较厚则平面抗拉强度有所提高，而冲击强度和吸水厚度膨胀率略有下降。为得到较为平整和均质的表面，按水泥刨花板的不同厚度常加入不同组成量的表层刨花，表层刨花的形态通常为长度 8 mm 左右，宽度 0.2 mm 左右，厚度约 0.1～0.3 mm。在实际生产中也常采用针状刨花，此类刨花的宽度与厚度近似，大约为 6 mm 或更小些，其长度约为 24～30 mm。

3. 水泥木丝板

水泥木丝板也称万利板，其木质形态为木丝，木丝又分为粗丝和细丝，其规格和公差如表 3－1 所示。

表 3－1　木丝之尺度及公差

单位：mm

尺度 种类	厚度	深度	长度
粗丝	0.25±0.01	3.5±0.5	400±50
细丝	0.25±0.01	1.8±0.2	400±50

（二）水泥刨花板的应用范围

水泥刨花板是以水泥为胶结剂，以木刨花纤维为增强材料，采用半干法生产工艺，在受压条件下完成水泥在木质刨花上的凝结而形成一种集高强、防火、隔声、耐湿防水、保温隔热、环保及易加工、握钉力强等诸多优良性能于一身的新型建筑材料；具有优良的耐久与耐候性能；无化学污染、无放射性、无光污染、无噪声等污染，是无损健康的绿色建材。水泥刨花板被广泛应用于建筑、交通、轻工等领域。

水泥刨花板在建筑中的主要用途概括如下。

1．隔墙板

所用水泥刨花板厚度为 10 mm、12 mm、15 mm。

2．吊顶天花板

板材厚度为 6 mm、8 mm，一般采用承载龙骨垂直吊挂方式安装，也可采取黏、钉结合的方法，先用聚合物水泥黏结［胶黏剂质量比为水泥：聚酯乙烯＝1：(0.05～0.15)］，将板的反面黏结到已经装好的骨架上，检查其平整度和花纹的一致性。在拼装好的情况下，用一定规格的压条（木质和塑料）压到预留槽中用钉或螺钉加固，按用户的要求涂刷涂料整理即成，24 h 后即可使用。

3．建筑模板

板材厚度 15～18 mm，若板材不敷脱模剂，可做成不拆卸永久性的复面材料。

4．活动房

可采用钢结构骨架或木骨架及水泥刨花板自组合骨架，用 10 mm 厚板材做内墙板，12～16 mm 厚板材做外墙板，空腔适当填充隔热、隔声材料即形成活动房，做外墙板时应涂刷外墙防水装饰涂料。

5．楼房加层

在原楼房的顶层连接框架、制作混凝土梁柱及框架完成之后，按"现装墙"的方法进行施工，铺装加层时事先必须对原基础进行荷载核算。

6．分割室内空间

原房屋的室内空间不能满足需要时，可用水泥刨花板重新分割，根据用户需要制作安装分室墙、隔断墙和四周的结合部位，将 U 形龙骨用射钉和聚合物水泥固定在原墙体和楼板、地板上。分室墙的连接可采用竖宽 I 形龙骨（比竖龙骨贵一倍）和竖两根 U 形龙骨连接处理或直接用 U 形龙骨与墙板连接。

另外，还可用于轻型屋面板、防静电地板、窗台挡板、外墙内保温板或护墙板、门芯板等。

(三) 水泥刨花板的使用要点

1. 龙骨选用

水泥刨花板用作墙体材料是附着在龙骨上做面层板用，其龙骨可采用轻钢龙骨、木龙骨和水泥刨花板龙骨；目前最常用的为轻钢龙骨，隔墙用轻钢龙骨及配件应符合《建筑用轻钢龙骨》与《建筑用轻钢龙骨配件》的产品标准。

2. 胶黏剂的选用

黏贴时可使用聚合物水泥胶黏剂［胶黏剂质量比为水泥：聚醋酸乙烯胶＝1：（0.05～0.15）］，配合水泥刨花板龙骨直接在墙面上黏结。

3. 水泥刨花板搬运和储存方法

（1）水泥刨花板在运输过程中应轻装轻卸，严禁剧烈地撞击、抛摔和受潮雨淋。

（2）水泥刨花板在储存时，应按规格分类水平堆放在地面平整、通风良好的库房内，垛底要垫脚，严禁受潮。

（3）单垛堆放高度 $h \leqslant 1.0$ m，多垛堆放时每垛 $h \leqslant 0.8$ m，最高 2.4 m，搬运时力求保持板材直立，用力方向一致。

4. 板材安装步骤

（1）墙体骨架与四周主体结构固定形式可采用膨胀螺栓或预埋件，但一般采用射钉紧固。沿顶、沿地龙骨固定点的水平间距≤900 mm，靠墙竖龙骨的垂直间距≤1000 mm。吊顶龙骨一般采用预留埋件或吊钩，也可以用射钉固定。

（2）横、竖龙骨的间距可按设计要求定，如设计中无节点构造时，墙体一般竖龙骨中距为 613 mm，但如果墙体高度超过限制高度，竖龙骨中距应随墙高度变化而缩小，同时在竖龙骨开口面装支撑卡，卡距为 400～600 mm。吊顶龙骨参照墙体。

（3）龙骨安装完毕后应按《装饰工程施工规范》进行验收。须检查龙骨尺寸及垂直度，待有关设施合格后再安装水泥刨花板。

（4）水泥刨花板安装时应在无应力状态下进行，要防止强拉就位。

施工时相关湿作业未完成前应避免安装水泥刨花板。

（5）水泥刨花板可横向或纵向铺板（防火墙必须纵向铺设），板材周边必须落在龙骨架上，板与周围应松散吻合，留 3～5 mm 缝隙；板与板之间留 6 mm 缝隙，错缝排列。

（6）水泥刨花板一般用自攻螺丝固定。固定顺序应由每张板的中部向周边固定螺钉与板边间距 15 mm，螺钉间距 200～300 mm，保证板材与龙骨结合牢固。

5. 水泥刨花板的接缝处理

板材安装后，应对板缝作处理，板面钉头作防锈及抹灰处理。

暗缝处理：①将板缝用工具扩至最小宽度×深度为 10 mm×10 mm 的三角锥形，用刷子将板边浮粉刷干净，然后在板缝处刷一道白乳胶，待干后将嵌缝水泥腻子（成分为硫铝酸盐水泥加乳白胶加短麻纤维调制成塑膏状）均匀饱满地嵌入缝内约 2/3 深处，并用嵌缝水泥腻子填充两侧钉孔待干；②第一道水泥嵌缝腻子完全干燥后再用嵌缝水泥腻子均匀饱满地填入缝口，并将嵌缝水泥腻子的边沿刮平；③用浸湿的穿孔涤纶布或维棉布贴在接缝处，并用刮刀将布带（布带宽度 5～8 cm）用力压，使嵌缝水泥腻子从孔中挤出，再薄压一层嵌缝水泥腻子待干；④第二道嵌缝水泥腻子和布带完全干燥后，再用嵌缝水泥腻子薄薄地覆盖在布带上（比布带稍宽），并使其与板面均匀平滑连接；⑤当嵌缝水泥腻子完全干后进行砂光处理，将缝口和钉孔的嵌缝水泥腻子打磨光滑，并使整个板面平滑。

明缝处理：直接选用金属压条装饰或根据设计要求定。

6. 水泥刨花板的板面装饰注意事项

水泥刨花板具有高强耐水等优点，板材表面可作各种饰面，如贴壁纸、刷涂料、贴 PVC 喷涂，也可以贴瓷砖、锦砖、大理石等，还可以使用排钉枪施工进行软包处理，但在施工前应注意以下几点。

（1）装饰前墙体构件与四周主体连接处必须用高密度岩棉做密封处理，墙体与吊顶边角应用防水材料密封（防水密封膏或有机硅树脂）。

（2）装饰前必须检查墙体整体结构，要求牢固无松动，墙面平整无变形并且表面干净、清洁，无浮灰油渍等杂物。

（3）贴墙纸或瓷砖时建议在板的两面涂上一层专用防水剂，并用专用胶黏剂作为黏结材料（厂家可配套提供）。

（4）选择涂料时，涂料应符合环保要求，为使其对含碱性的水泥基面有良好的附着力，建议选用水乳型丙烯酸乳胶漆。

二、混凝土空心板

(一) 发展优势

国内混凝土空心墙板发展优势概括起来有以下几点。

1. 原材料来源广泛

首先，生产混凝土空心墙板的主要原材料之一是硅酸盐类水泥，当前我国水泥产量供大于求，并且遍布全国各地，易于购买；其次，用于混凝土空心墙板的粗骨料（如陶粒、炉渣、天然浮石、火山渣等）和细骨料（如粉煤灰、陶砂、火山灰、细炉渣等）都可以因地制宜，就地取材，可与水泥配制生产混凝土空心墙板。

2. 生产效率高

混凝土空心墙板生产容易实现半机械化或机械化生产，劳动生产率较高。

3. 节约能源

混凝土空心墙板生产过程中不需要燃料，只消耗水、电，每平方米混凝土空心墙板消耗水电费用约 17.8 元，而生产烧结普通黏土砖消耗水电费用约 34 元。生产混凝土空心墙板比生产烧结普通黏土砖节约能源约 47.7%。

4. 保护环境

生产混凝土空心墙板的原料充分利用了工业废渣，不需要黏土，不破坏植被，保护了环境。

5. 降低建筑物总体造价

混凝土空心墙板体积密度小，能减轻建筑物的总体重量，使基础柱梁及墙体粉刷的造价降低，使用混凝土空心墙板作墙体可降低建筑物的总体造价。

随着墙体材料的革新和建筑节能的要求，墙板的发展，特别是具有较强竞争力的混凝土空心墙板将会得到更大的发展。

（二）混凝土空心墙板的规格型号

目前我国普遍生产和使用的混凝土空心墙板有普通板、门框板和过梁板三种板型；其规格按板厚隔墙分为 60 mm、75 mm、80 mm 和 90 mm，分户类板板厚 100 mm、130 mm 和 140 mm，外墙类板板厚 180 mm、190 mm 和 200 mm 等规格；板的长度、宽度应符合建筑模数要求，板长在 3300 mm 以内，板宽一般为 600 mm。

（三）混凝土空心墙板使用要点

1. 混凝土空心墙板装配施工前的准备

（1）装配工具及材料

装配墙板应准备的常用工具为电锤、切割机、抛光机、检查尺、长铝尺（$L=2.5$ m）、撬棒、准线砣、铁锹、灰桶、木抹子和铁抹子等。装配墙板应准备的材料为墙板、水泥（不低于 32.5 级）、钢卡、细石、细砂、801 胶（或其他胶）、膨胀剂、网格布（耐碱玻纤或钢丝网格）、木楔、特配抹缝砂浆、加固柱、抗裂柱所用钢筋、门窗洞所用角钢（或槽钢）等。

（2）检查墙板

墙板装配前应对每块待安装墙板的材质、型号、规格、尺寸及外观质量和出厂检验合格证进行认真校验。

板长应比墙体高度短 20～30 mm，板厚按同一厚度尺寸（相差±2 mm）范围内的墙板可组合装配在同一墙面上，超过者应按相近厚度尺寸在±2 mm 内重新组合装配。对于超差严重无法组合的另作处理，不得安装。

有下列情形之一的墙板应分类堆放另作处理：型号尺寸不符，装配位置不明的墙板；养护时间不够，强度达不到要求的墙板；运输过程中严重损坏的墙板。

（3）墙板装配前的处理

墙板装配前应对门、窗等特用板进行裁剪，钢卡部位板孔用木塞按规定填塞。

（4）墙板装配现场的准备

施工现场应彻底清理一切有碍墙板安装的物品，内脚手架、支模架、模板等；扫除和清洗安装地面以便分中弹墨和安装龙骨架。按要求铺设安装墙板用脚手架或预备活动脚手架。安装好装配墙板所需的临时供电、供水设施；对楼层的各预留孔、楼梯口及供电设施等做好安全防护。

（5）弹线分中、埋设钢卡

根据设计图纸要求，在楼地面、天花板或梁、柱、墙上用墨线弹出安装墙板及门、窗洞的位置。然后在需安装墙板的部位已弹好的墨线上划分出埋设钢卡的具体位置以及门、窗的部位和防裂柱、加固柱的准确位置，然后用电锤打孔埋设钢卡（钢卡必须埋设在两板拼缝处墙板厚度正中，顶部水平方向钢卡间距不得大于板宽，垂直方向与墙或柱连接的钢卡间距不大于 1 m）。

（6）预埋管线、电器暗埋的处理

按设计图纸要求准备好暗埋管线、暗埋电器开关、插座和接线盒座等，在确定的位置将预埋暗盒底座装好并穿好管线。

准备工作完成后，建设单位和墙板安装人员共同进行一次安装位置复查，然后即可进行墙板装配。

2. 立板

（1）装配墙板时立板动作要轻柔，只能侧向竖板，不能平台竖板，竖板时在混凝土柱或梁预留的沟槽内及墙板的榫头或榫槽两边刮上黏结料，安装时侧边向一侧靠挤，使板与板之间缝隙被黏结料充实（缝隙一般在 2～5 mm）。再用专用撬棒将板撬起，插入固定槽或钢板卡内（顶部垫 10～15 mm 木垫），校准位置，检查垂直度和平整度，合格后用木楔背紧板材顶部和底部，替下撬棒。

（2）当墙体高度超过 3.3 m 时应采用两板上下对接安装，对接装配分错缝对接和平缝对接。错缝对接指的是相邻两板上、下、长、短水平缝错开。这时短板长度一般为长板长度的 1/3，每板中部水平处设水泥销一个，或用两组四块钢板卡对焊固定。平缝对接指的是两墙板对接的水平缝在同一水平线上。安装时一般长板在下，短板在上，短板长度一般为长板长度的 1/3，长板顶端两侧面和短板底端两侧面分别装两块特制钢卡，每板中部水平处设水泥销一个或用两组四块钢板卡对焊固定。装板时装一块长板，在长板顶端抹一层掺胶砂浆，装两块相应的特制钢卡，再装底部装有相应特制钢卡的短板，长短板校平整后焊接钢卡，然后用撬棒将连接的板撬起插入固定槽或顶部钢卡内（顶部垫 10～15 mm 木垫），再校平整和垂直后用木楔背紧墙板底部和顶部，替下撬棒并将钢卡相互焊接。

3. 墙板顶部处理

预制固定槽安装的墙板，用膨胀水泥胶黏料分两次将边缝抹密实。

钢卡稳固安装的板墙，墙板顶部与梁或顶棚应保持 10～15 mm 的缝隙（对于管线暗埋处可适当加宽），钢卡部位墙板板孔用木塞子堵塞留 15～20 mm 深，以保证钢卡部位砂浆填塞密实和固定，待墙板平整度、垂直度校准后用木楔背紧固定，然后用掺有 5%膨胀剂的水泥胶黏料将钢卡处及板顶缝分两次以上填抹密实，并用木抹子抹平拉毛，拉直，缝隙成斜口并低于墙板 2～3 mm，以利面层抹缝。

4. 墙板底部处理

墙板经安装校准固定后，即可用 C20 细石混凝土将底板空隙填塞密实，并用木抹子将板底空隙填塞的混凝土拉毛、拉直，使其低于板面，待一周后撤除木楔，再用 C20 细石混凝土填实孔洞（当墙板安装后不再进行楼地面找平及面层装饰时，应于每块板底部埋设 8×80 钢筋地脚卡一个固定板底，钢筋地脚卡插入楼面内不小于 25 mm)。

5. 墙板端头补缝

墙板由一端装配至另一端时，对于这样的端头缝的处理，既要考虑强度和固定墙板，又要考虑收缩问题。

6. 供电、供水等管线的处理

住宅等建筑物都要安装供电、供水和燃气等管线，对于混凝土空心墙板组装的墙体，装配后最好少打洞和挖沟，对于这些管线一般是在墙板装配前或装配中进行处理。电线可暗埋于墙板内，横向（垂直于板孔方向）暗埋电线可利用墙板与顶棚间的缝隙暗埋，竖向的管线可直通板孔暗埋，电器盒、接线盒暗埋时首先将要预埋电器盒、接线盒的板打好洞再装配。

7. 防裂柱和加固柱

用墙板组装的墙体当墙体较长时，为了防止由于湿胀、干燥收缩、温度变化造成墙体裂纹，在板墙一定位置设立防裂柱，避免裂纹的产生。

当板墙过高（超过 3.3 m）时，在板墙一定位置设立加固柱，以保证墙体整体的稳定性和增加刚度。

防裂柱和加固柱设置间距一般为 2.4～3.0 m。其断面尺寸为板厚×120 mm，柱内用张拉器拉紧一根以上不小于 Φ8 的钢筋埋设柱内，用膨胀混凝土现浇。

8. 面层抹缝

墙板装配处理完毕，待板墙干燥后（一般 72 h 以上）就可进行面层抹缝处理，面层抹缝按以下程序施工。

(1) 在进行面层抹缝前应对所装板墙认真检查，认定符合要求（平整、垂直、稳定）后方可进行面层抹缝。

(2) 无论墙板顶部、底部、拼缝、加固柱、防裂柱缝、丁角、转角均应统一做一次面层抹缝处理，凡需面层抹缝的部位均应在抹缝前刷 801 胶一遍。凡经过面层抹缝处理后的拼缝、柱边缝应绝对与板面保证平整一致，阴角、阳角应通顺平直，并用木抹子抹实抹平并拉毛。

面层抹缝水泥胶黏料可按以下配比进行配料。水泥（32.5级以上）：32%；801胶：13%；细砂（石英砂）：40%；膨胀剂：5%；水：10%；纤维：适量。

9．打磨、修补

对已安装好的墙体用靠尺认真检查墙面平整度、垂直度。对于垂直度、平整度不合格的部位（按砌筑墙体要求检查）必须认真进行修补直至合格为止。对于高于或低于板面的部位打上印记，做好标志，然后将高于板面的部位用电动抛光机磨平，对于低于板面的部位用801胶水泥腻子灰补平。

10．墙体保护

墙板安装一周内，勿打孔、钻眼，以免黏结料固化时间不足使墙板振动开裂。一周后如必须打孔钻眼，也不得猛敲猛打。

三、纤维水泥板

（一）真空挤出成型纤维水泥板

真空挤出成型纤维水泥板系用普通硅酸盐水泥为胶凝材料，外加纤维、硅或钙粉质填料及塑化剂和水拌制与捏合后，在真空挤出成型机内经真空排气并在螺杆的高挤压力与高剪力的作用下，由模口挤出而制成的具有多种断面形状的板材。

1．规格

（1）外墙用压花实心板

此种板的断面不具孔洞，表面具有凹凸形花纹与涂复层；主要用作外墙面板或与其他墙体材料组成复合墙体。

（2）外墙用多孔板

此种板的断面有若干个矩形孔洞，表面有凹凸形的图案与涂层，主要用作外墙。

（3）内墙用多孔板

此种板的断面有若干个矩形孔洞，表面平整，有涂层或无涂层，主要用作隔墙。

(4) 多种异形板

如阳台板、转角板等。

2. 尺寸

长宽应符合建筑模数，一般长为 2100～3000 mm，宽为 600 mm，厚度为：外墙用实心板 12 mm、15 mm、21 mm，外墙用多孔板 60 mm、90 mm。外墙（内墙）用多孔板留榫头与榫槽。

3. 物理力学性能

纤维水泥板的物理力学性能尚无国家标准，其物理力学性能应符合有关标准规定的要求。

4. 施工应用

真空挤出成型的纤维水泥压花实心板，既可作为建筑承重外墙（砖墙、砌块墙或混凝土墙等）的外装饰板，又可与钢龙骨、绝热材料、石膏板、混凝土空心外墙板等组成为复合墙板，具有很好的装饰效果。纤维水泥多孔板可用于框架建筑上作为非承重的围护墙，又可作为轻质隔断墙。其施工方法可参照混凝土空心隔墙板的施工技术。

(二) 木纤维增强水泥多孔板

木纤维增强水泥多孔板又称纤维增强圆孔墙板。此种墙板是以木纤维为增强材料，水泥砂浆为基料，用挤压法制成的带有孔洞截面的条板。此种板具有自重轻（截面孔洞率为 25%以上）、板面平整、抗冲击性好、安装方便（沿长度方向一边有榫头，另一边有榫槽）、加工性好（可锯、可钉、可挖槽）等特点。

四、金邦板

金邦板以纤维素纤维与高分子纤维作为增强材料，以普通硅酸盐水泥、磨细石英砂、膨胀珍珠岩、增塑剂与水所组成的砂浆作为基材，以上述材料配制的低水灰比的塑性纤维水泥拌合料，在真空挤出成型机内，经真空排气并在螺杆的高挤压力与高剪力的作用下，由模口挤出形成具有多种断面形状的系列化板材。

所用纤维素纤维主要是经过硫酸盐处理的纸浆板，高分子纤维选用具有较好的分散性与耐热性的纤维，并要求其纤维的弹性模量及强度尽可能高，分散性要好。所用的磨细砂 SiO_2 含量大于 95%，细度在 200 目以上。膨胀珍珠岩的平均粒径不大于 1 mm。增塑剂则主要是纤维素醚。

（一）金邦板的特点

1. 制作工艺特点

真空挤出法制造纤维水泥板与传统的抄取法和流浆法相比较，制作工艺简单，不需要庞大的回水处理系统；板材断面属整体均质结构，而不是像抄取或流浆工艺形成的层状结构，力学性能和抗冻融性能有较大提高；在一条生产线上，只要更换模口即可生产各种断面的制品；更换不同的压花辊即可生产不同装饰图案的金邦板；涂装不同颜色的涂料，又可使金邦板有丰富的颜色，因而金邦板品种丰富；制品的长度可在一定范围内任意变化。

2. 与其他材料相比的优势

与制造轻骨料混凝土多孔板、木纤维增强水泥多孔板等所用的挤出法相比，其主要特点是：制品的外观质量好，密度高，制品的强度高，制品断面的形状与规格可多样化，多孔板的孔洞率可达 45%以上。

3. 金邦板为绿色建材

金邦板是以水泥为胶凝材料的无机材料。采用先进的无石棉配方，产品中无任何有害人体的物质；金邦板采用的原料不是地球上的有限资源，而是在地球上广泛存在的矿物质，有利于人类的可持续发展；金邦板采用挤出法成型工艺，用水量小，挤出过程的半成品废板坯可立即回到捏合机，重新挤出，成品后的废板粉碎后回到原料系统作填料，因而金邦板的生产不产生废水、废渣和废气，不污染环境；金邦板复合墙体具有很好的保温隔热能力，减少建筑能耗，减少地球负荷。所以，金邦板是一种绿色建材。

（二）金邦板应用范围

1. 填补黏土砖逐渐退出建筑外墙板材料后的空白

国家从保护农田继而实现可持续发展的国策出发，限制黏土砖的使用，使外墙材料出现一个空白。金邦板、龙骨石膏板体系能很好地填补这个空白，并得到很好的应用。

2. 作别墅建筑外墙

目前我国每年竣工大量别墅建筑、花园建筑。这些建筑要求外墙美观、保温。外装板可较好地满足需要并得到应用。

3. 作外墙装饰用板

目前，我国外墙多为水泥抹面，然后喷涂料或贴瓷砖，颜色单调。外装板具有较丰富的图案品种和色彩，能极好地改变这种局面，美化我国的建筑。

4. 旧房改造

10 年、20 年前的建筑，随着时间的推移外墙变破旧，有些外墙形式已经过时，用外装板将外墙重新装修，可使这些建筑焕发青春，重着富丽颜色，美化街道，美化环境。

5. 用于外墙外保温的外围护板

从热工学角度，外墙外保温比外墙内保温有利于改善室内的热环境，但用于外墙外保温的外围护板一直未能得到解决，金邦板具有防水、耐久、施工方便及表面带有装饰图案的优点，十分适合做外墙外保温的外围护板。

（三）金邦板复合墙体形式

1. 金邦板复合墙体结构—1

本结构采用薄壁型钢做骨架，内外附石膏板或其他轻质板材，中间填充岩棉等保温材料，然后用卡件外挂金邦板。板与板之间纵缝设有嵌缝龙骨，外嵌密封膏；横缝采用阴阳企口和密封条防水形式。对纵向高度小于板宽的部位（如窗口、檐口等），则在板内侧附橡胶垫块，然后用自攻钉固定金邦板。

本施工墙体在泛水和檐口处留有进出气的通风通道，以保护墙体内侧通风，使金邦板不至于因内外湿度差而产生变形，同时使保温层内的水分得以向外充分扩散，避免结露现象。

钢龙骨墙构造如下：

（1）沿顶、沿地龙骨与结构构件连接牢固，竖龙骨间距 400～900 mm，板拼缝处为双龙骨。龙骨规格暂定为 100 mm×50 mm×20 mm×2 mm。

（2）勒脚处泛水条是安装金邦板的基准线，其位置标高必须精确控制，确保水平后，用拉铆钉固定在钢龙骨上，搭接长度不小于 20 mm。

（3）金邦板的固定件用自攻螺丝固定在竖向钢龙骨上，应确保每层板在每根钢龙骨上都有一个固定件。

（4）金邦板的安装要由下而上进行，板缝纵横拉通，不可错缝安装。

（5）金邦板安装时可由墙的一端向另端依次进行，先装整板，后装门窗等处切割过的小板，且切割边应平直光滑。

（6）金邦板直接钉钉子在钢龙骨上时，要距板边 30 mm 以上（直接钉钉子在木龙骨上时，要距板边 20 mm 以上）。

2．金邦板复合墙体结构—2

本结构采用薄壁型钢做骨架，内附石膏板或其他轻质板材，外贴透气的防水纸，中间填充岩棉等保温材料，然后用卡件外挂金邦板。其做法与金邦板复合墙体结构—1 区别仅在于外侧的轻质板材被透气的防水纸代替。

3．金邦板复合墙体结构—3

本结构仍采用薄壁型钢做骨架，内外附石膏板或其他轻质板材，中间填充岩棉等保温材料，外挂金邦板。区别于金邦板复合墙体结构—1 的是外侧轻质板材与外挂金邦板之间增加了橡胶垫块。垫块的作用是形成空气层和调整龙骨与金邦板的间隙，使墙面平整。

4．金邦板复合墙体结构—4

本结构仍采用薄壁型钢做骨架，内附石膏板或其他轻质板材，外贴透气的防水纸，中间填充岩棉等保温材料，外挂金邦板。区别于金邦板复合墙体结构—2 的是外侧轻质板材与外挂金邦板之间增加了橡胶垫块。垫块的作用是形成空气层和调整龙骨与金邦板的间隙，使墙面平整。

（四）金邦板运输与保存

金邦板出厂、保存及运输应注意如下几点：

（1）金邦板产品出厂时要提供产品合格证。

（2）将金邦板产品每两块板正面相向叠合，中间加垫防护纸，以防止涂层受热黏合，然后整齐堆码于木架上，每架堆码高度不得大于 600 mm。用纸面石膏板包护其余五面，加上护角，用铁质打包带捆紧。

（3）金邦板产品包装外侧应标有产品规格、品牌、商标、厂名、出厂日期及搬运储存注意事项。

（4）搬运金邦板时须戴白色洁净手套，以免污染已涂装的板面。金邦板搬运时必须侧立搬运，切勿水平搬运，以免折断板材。金邦板整垛搬运时采用叉车叉托木制托盘搬运；采用吊车搬运时采用两吊装点吊运，吊装点距边部 400 mm。

（5）金邦板码放高度不得大于 1 m，且码放底部须用五条 50 mm×50 mm 的方木垫平。

（6）金邦板存放须注意防雨、防水，避免污染板面。

第四章　新型合成高分子材料

第一节　高分子化合物的基本知识

高分子材料是现代工程材料中不可缺少的一类材料。由于有机高分子合成材料的原料（石油、煤等）来源广泛，化学结合效率高，产品具有多种建筑功能且质轻、强韧、耐化学腐蚀、多功能、易加工成型等优点，因此在建筑工程中应用日益广泛。

一、高分子化合物的定义及反应类型

（一）定义

高分子化合物是由千万个原子彼此以共价键连接的大分子化合物，常简称为高分子或大分子又称高聚物或聚合物。它的分子量很大（10^4～10^6），但其化学组成却比较简单，一个大分子往往是由许多相同的、简单的结构单元通过共价键重复连接而成。它是生产建筑塑料、胶黏剂、建筑涂料、高分子防水材料等材料的主要原料。

（二）合成高分子化合物的反应类型

合成高分子化合物是由不饱和的低分子化合物（称为单体）聚合或含两个及两个以上官能团的分子间的缩合而成的。其反应类型有加聚反应和缩聚反应。

1. 加聚反应

加聚反应是由许多相同或不同的低分子化合物，在加热或催化剂的作用下，相互加合成高聚物而不析出低分子副产物的反应。其生成物称为加聚物（也称加聚树脂），加聚物具有与单体类似的组成结构。

2. 缩聚反应

缩聚反应即缩合聚合反应，单体经多次缩合而聚合成大分子的反

应。该反应常伴随着小分子的生成。缩聚反应大多是可逆反应，反应速率及聚合度与反应的平衡之间有密切的关系。在研究其动力学时，为使动力学处理方便，采用被实验证明是合理的假定“官能团等活性”概念，即不论是单体、二聚体及多聚体，其两端官能团反应活性相同。

二、高分子化合物的分类

（一）按分子链的几何形状

高分子化合物按其链节在空间排列的几何形状，可分为线型聚合物和体型聚合物。线型聚合物各链节连接成一长链［如图 4－1（a）］或带有支链［如图 4－1（b）］（如聚氯乙烯）。这种聚合物可以溶解在一定的溶剂中，可以软化，以至熔化，强度、硬度低，弹性模量较小，变形较大，耐热、耐腐蚀性较差。体型聚合物是线型大分子间相互交联，形成网状的三维聚合物［如图 4－1（c）］（酚醛树脂）。这种聚合物加热时不软化，也不能流动，一般不溶于有机溶剂，强度、硬度、脆性较高，弹性模量较大塑性较差，耐热、耐腐蚀性较好只有少数具有溶胀性。

分子伸直式　　分子卷曲式

（a）线型结构

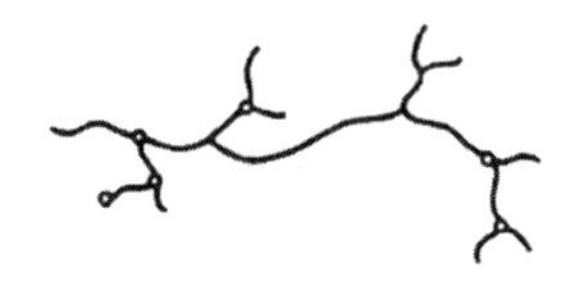

（b）支链型结构

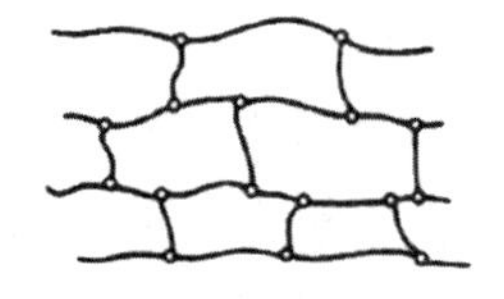

（c）网状体型结构

图 4－1　高聚物三种结构示意图

（二）按热性质

1. 热塑性聚合物

具有受热时软化，冷却时凝固而不起化学变化的性质，经多次重复仍能保持这种性能。建筑上常用的热塑性聚合物有聚乙烯、聚丙烯、聚甲基丙烯酸甲酯等。

2. 热固性聚合物

热固性聚合物在初次加热可软化，具有可塑性，若继续加热将发生化学反应，使相邻分子互相连接而固化变硬，最终成为不溶不熔的聚合物。建筑上常用的热固性聚合物有酚醛树脂、环氧树脂、有机硅、脲醛树脂等。

线型结构的聚合物为热塑性聚合物，它的密度及熔点都很低，它包括所有的加聚物和部分缩聚物。

体型结构的聚合物为热固性聚合物，它的密度及熔点都较高，其特点是坚硬脆性大，缺乏弹性和塑性。它包括大部分的缩聚物。

三、高分子化合物的主要性质

高分子化合物的结构决定其具有独特的性能。单体分子经加聚或缩聚反应得到的高分子聚合物都是线型长链状化合物，其结构大体有三种：线型长链状不带支链的、带支链的和体型网状的。线型高分子加热可熔化，也可溶于有机溶剂，易于结晶，合成纤维和大多数塑料都是线型高分子。支链高分子在很多性能上与线型高分子相似，但支链的存在使高分子的密度减小，结晶能力降低。体型高分子具有不熔、不溶、耐热性高和刚性好的特点，适用于工程和结构材料。

合成高分子在聚合反应中得到的是不同聚合度的高分子混合物，使其结构具有均一性或称多分散性。其具有热塑性、热固性、耐磨性、绝缘性、相对密度小、比强度高等特殊的性能。

高分子化合物相对密度小，比金属材料轻得多，但强度高，有的工程塑料的强度超过钢铁和其他金属材料。

高分子化合物的化学反应性能较差，对化学试剂显得比较稳定，具有耐酸、耐腐蚀等特性。

高分子具有绝缘性，电线的包皮、电源插座等都是用塑料制成的。其对多种射线（如α、β、γ、X射线）有抵抗能力，可以抗辐射。

第二节　新型建筑塑料

一、塑料的基本组成

（一）合成树脂

它不仅能自身胶结，还能将塑料中的其他组分牢固地胶结在一起成为一个整体，使其具有加工成型的性能。合成树脂在塑料中的含量约为30％～60％。塑料的主要性质取决于所用合成树脂的性质。

（二）填料

填料又称填充剂，是绝大多数塑料不可缺少的原料，通常占塑料组成材料的40％～70％。是为了改善塑料的某些性能而加入的，其作用可提高塑料的强度、硬度、韧性、耐热性、耐老化性、抗冲击性等，同时也可以降低塑料的成本。常用的填料有滑石粉、硅藻土、石灰石粉、云母、木粉、各类纤维材料、纸屑等。

（三）增塑剂

掺入增塑剂的目的是提高塑料加工时的可塑性、流动性以及塑料制品在使用时的弹性和柔软性，改善塑料的低温脆性等，但会降低塑料的强度与耐热性。对增塑剂的要求是要与树脂的混溶性好，无色、无毒、挥发性小。增塑剂通常为一些不易挥发的高沸点的液体有机化合物，或为低熔点的固体。常用的增塑剂有邻苯二甲酸二甲酯、邻苯二甲酸二丁酯、邻苯二甲酸二辛酯、磷酸三苯酯等。

（四）稳定剂

为防止塑料过早老化，延长塑料的使用寿命，常加入少量稳定剂。塑料在热、光、氧和其他因素的长期作用下，会过早地产生降解、氧化断链、交链等现象，而使弛料性能降低，丧失机械强度，甚至不能继续使用。这种因结构不稳定而使材料变质的现象，称为老化。稳定剂应是耐水、耐油、耐化学侵蚀的物质，能与树脂相溶，并在成型过程中不发生分解。

（五）固化剂

固化剂又称硬化剂，主要用于热固性树脂中，其作用是使线型高聚物交联成体型高聚物，从而制得坚硬的塑料制品。如环氧树脂常用的胺类（乙二胺、二乙烯三胺、间苯二胺），某些酚醛树脂常用的六亚甲基四胺（乌洛托品），酸酐类（邻苯二甲酸酐、顺丁烯二酸酐）及高分子类（聚酰胺树脂）。

（六）着色剂

在塑料中加入着色剂后，可使其具有鲜艳的色彩和美丽的光泽。所选用的着色剂应色泽鲜明、分散性好、着色力强、耐热耐晒，在塑料加工过程中稳定性良好，与塑料中的其他组分不起化学反应，同时，还应不降低塑料的性能。

1. 染料

按产源分为天然和人工合成两类，都是有机物，可溶于被着色树脂或水中，其着色力强，透明性好，色泽鲜艳，但耐碱、耐热性、光稳定性差。主要用于透明的塑料制品。

2. 颜料

颜料是基本不溶的微细粉末状物质。通过自身高分散性颗粒分散于被染介质中吸收一部分光谱并反射特定的光谱而显色。塑料中所用的颜料除具有优良的着色作用外，还可作为稳定剂和填充料来提高塑料的性能，起到一剂多能的作用。在塑料制品中，常用的是无机颜料。

（七）润滑剂

在塑料加工时，为降低其内摩擦和增加流动性，便于脱模和使制品表面光滑美观，可加入0.5%～1%的润滑剂。

常用的润滑剂有高级脂肪酸及其盐类，如硬脂酸钙、硬脂酸镁等。

常用的稳定剂有光屏蔽剂（碳黑）、紫外线吸收剂（水杨酸苯酯等）、能量转移剂（含 Ni 或 Co 的络合物）、热稳定剂（硬脂酸铅等）、抗氧剂（酚类化合物，如抗氧剂 2246、CA、330 等）。

（八）其他添加剂

为使塑料具有某种特定的性能或满足某种特定的要求而掺入的其他添加剂，如掺入抗静电剂（季铵盐类），可使塑料安全，不易吸尘；掺入发泡剂（异氰酸酯或某些偶氮化合物）可制得泡沫塑料；掺入阻燃剂（某些卤化物、磷化物）可阻滞塑料制品的燃烧，并使之具有自熄性；掺入香酯类物品，可制得经久发出香味的塑料。

二、塑料的特性

（1）质量轻、比强度高。

（2）成本低、加工方便。塑料可以采用多种方法模塑成型，切削加工。虽然其制品的品种多，如薄膜、板材、管材、门窗以及一些复杂的异型材，但是可塑性强、成型温度和压力容易控制，工序简单、设备利用率高、成本低、适合大规模机械化生产，产品结构调整方便，规模效应显著。

（3）优异的装饰性能。塑料可以着色，还可以印刷和压花。印刷图案可以模仿天然材料和仿古花纹，压花制品的表面产生立方体质感。此外，塑料还有烫金和电镀等装饰方法。

（4）优良的抗化学腐蚀性。塑料对酸、碱、盐及水等都有较高的化学稳定性，经过适当配方的建筑塑料的使用寿命也高于传统材料。

（5）电绝缘性能好。大多数塑料具有优良的电绝缘性，在电器线路、控制开关、电缆等方面应用广泛，并逐步取代陶瓷、橡胶等其他绝缘材料。

（6）减振、吸声和隔热性好。泡沫塑料具有较好的减振、吸声和隔热性。

（7）经济合理、低能耗、高价值。

（8）耐老化性差。塑料受环境中空气、阳光、热、离子辐射、应力等能量作用，氧气、空气、水分、酸碱盐等化学物质作用和霉菌等生物作用，其组成成分和结构发生如分子降解（大分子链裂解，使高聚物强度、弹性、熔点、黏度降低）、交联（使高聚物变硬、变脆）、增塑剂迁移、稳定剂失效等一系列物理化学反应，从而使塑料变硬、变脆、龟裂、变色甚至破坏、丧失使用功能。

（9）可燃性差别大。塑料在燃烧中消耗空气中的氧气，生成二氧化碳、一氧化碳、三氧化硫、氢氰酸、苯酚、双偶氮丁二腈、氯气、氯化氮等气体，因而烟气产生、扩散、流动，会充满或弥漫房屋空间，引起窒息，使人死亡。

（10）毒性。纯树脂对生物是无害的，但合成树脂的工艺受到破坏时，剩余的单体或低分子量的物质对健康可能造成危害。生产塑料时加入的增塑剂、固化剂等低分子量物质大多数都危害健康。液体树脂基本上都是有毒的，但完全固化的树脂则基本上无毒。当采用塑料制品做饮用水的设备时，应认真进行卫生处理。

三、建筑塑料制品的应用

（一）塑料门窗

塑料门窗的主要原料为聚氯乙烯（PVC）树脂，加入适量添加剂，按适当的配比混合，经挤出机形成各种型材。型材经过加工，组装成建筑物的门窗。

塑料门窗与其他门窗相比，具有耐水、耐腐蚀、气密性、水密性、绝热性、隔声性、耐燃性、尺寸稳定性、装饰性好等特点，而且不需粉刷油漆，维修保养方便，同时还能显著节能，在国外已广泛应用。鉴于国外经验和我国实情，以塑料门窗代替或逐步取代木门窗、金属门窗是节约木材、钢材、铝材、节省能源的重要途径。

（二）塑料管材

塑料管材与金属管材相比，具有质轻、不生锈、不生苔、不易积垢、管壁光滑、对流体阻力小、安装加工方便、节能等特点。在众多的塑料管材中，主要是由聚氯乙烯树脂为主要原料，加入适量添加剂，按适当配比混合，经过注射机或挤出机而成型，俗称 PVC 塑料管或简称塑料管。

（三）塑料壁纸

1．纸面纸底壁纸

纸面纸底壁纸是在纸面上压花或印上图案，这是最早的壁纸。这种壁纸由于基底透气性好，墙体中的水分易向外散发，不易变色、鼓泡，价格也便宜，但因不耐水、不能清洗、不便施工、易断裂，目前较少生产。

2．纺织物壁纸

纺织物壁纸是用丝、羊毛、棉麻等纤维材料织成的壁纸。这种壁纸的优点是能取得人为的环境，给人高雅的感觉，使人感到亲切、柔和、舒适，但价格较贵。

3．天然材料壁纸

天然材料壁纸用草、麻、树叶、木材等天然材料制成的壁纸。其特点是朴素、自然、生活气息极浓，没有人为的修饰感觉。远离自然环境或生活在闹市中的城市居民尤为喜爱，但它不耐久。

4．塑料壁纸

（1）普通壁纸

也称为塑料面纸底壁纸。即在纸面上涂刷塑料层而成。为了增加质感和装饰效果，常在纸面上印有图案或压出花纹，再涂上塑料层。这种壁纸耐水，可擦洗，比较耐用，价格也较便宜。

（2）发泡壁纸

在纸面上涂上发泡的塑料面，称为发泡壁纸。此壁纸立体感强，能吸声，有较好的音响效果。为了增加黏结力，提高其强度，可用棉布、麻布、化纤布等作底来代替纸底，这类壁纸叫塑料壁布，将它黏贴在墙上，不易脱落，受到冲击、碰撞等也不会破裂，因加工方便，价格不高，所以较受欢迎。

（3）特种壁纸

如耐水壁纸、防火壁纸、防霉壁纸、塑料颗粒壁纸、金属基壁纸、静电植绒壁纸等。

(四) 塑料地板

塑料地板是发展最早、最快的建筑装修塑料制品，其装饰效果好，色彩图案不受限制，仿真，施工维护方便，耐磨性好，使用寿命长，具有隔热、隔声、隔潮的功能，脚感舒适暖和。目前，我国塑料地板大都采用 PVC（聚氯乙烯）树脂，使用年限 20 年左右。按形状分块状和卷状，按材性分硬质、半硬质和软质，硬质和软质塑料地板。软质塑料卷材地板俗称地板革，其产品标志为：产品名称—代号—总厚度—幅宽—标准号。其中，代号 FB 为带基材的发泡聚氯乙烯卷材地板，代号 GB 为带基材的致密聚氯乙烯卷材地板。

塑料地板表面压成凹凸花纹，吸收冲击力好、防滑、耐磨。在使用过程中要注意：定期打蜡；避免用大量的水拖地，特别是要避免热水、碱水和底板接触，以免影响黏结强度或引起变色、翘曲等；避免硬质刻画；脏污后用稀的肥皂水和用布擦洗痕迹，还可用少量汽油擦洗；不能接触热物体；家具要垫脚；避免长期阳光照射；更换时，必须在黏结 24 h 后再正常使用。

此外，还有无缝塑料地面（亦称塑料涂布地面），它的特点是无缝，易于清洗、耐腐蚀、防漏、抗渗性优良、施工简便等，适用于现浇地面、旧地面翻修、实验室、医院等有侵蚀作用的地面。

石棉塑料地板，由于原料中掺入适量石棉，使地板具有耐磨、耐腐蚀、难燃、自熄、弹性好等特点，适用于宾馆、饭店、民用或公共建筑的地面。

橡胶地板是以天然橡胶、合成橡胶或再生橡胶为主要原料、使地板具有耐磨、吸声、富有弹性、抗冲击性、电绝缘性等特点，但绝热性差，适用于绝热性要求不高的公共建筑或工业厂房地面。

抗静电塑料地板具有质轻、耐磨、耐腐蚀、防火、抗静电等特性，适用于计算机房、邮电部门、空调要求较高及有抗静电要求的建筑物地面。

塑料地板在施工时，要求基层干燥平整，铺设地板时，必须清除地面上的残留物。塑料地板要求平整，尺寸准确，若有卷曲、翘角等情况，应先处理压平，对缺角要另作处理。

塑料地板的胶黏剂，我国使用的有溶剂型与乳液型两类。一般地板与胶黏剂配套供应，必须按使用说明严格施工，以免影响质量。

（五）其他塑料制品

1. 塑料饰面板

可分为硬质、半硬质与软质。表面可印木纹、石纹和各种图案，可以黏贴装饰纸、塑料薄膜、玻璃纤维布和铝箔，也可制成花点、凹凸图案和不同立体造型；当原料中掺入荧光颜料，能制成荧光塑料板。此类板材具有质轻、绝热、吸声、耐水、装饰性好等特点，适用于作内墙或吊顶的装饰材料。

2. 玻璃纤维增强塑料及制品

它是用玻璃纤维增强酚醛树脂、环氧树脂、不饱和聚酯树脂等胶结材料而得到的复合材料，通常称作玻璃钢。它具有优良的耐水性，耐有机溶剂，耐热性和抗老化性，轻质高强，易于加工成型等特点。缺点是变形大，不耐浓酸、浓碱的侵蚀。

玻璃钢在建筑上主要用作装饰材料，屋面及墙体围护材料，防水材料及各种容器、管道、浴缸、水箱等。

3. 钙塑材料及其制品

钙塑材料又称合成木材，是将无机填料混合在有机树脂中，经一定的工艺过程而合成的一种新型材料，由于使用的无机填料是无机钙盐，而有机树脂又是生产塑料的主要原料，所以通常称为钙塑材料。

钙塑材料耐水性好，吸湿性小，尺寸稳定，变形小，易于加工。其缺点是由于加入了大量填料，其制品的光泽性较差，韧性较低，抗拉强度低于木材顺纹的抗拉强度。

钙塑材料用途很广，其制品主要有管道、门窗、墙板、百叶窗、钙塑壁纸、天棚装饰板以及绝热材料等。

4. 塑料薄膜

耐水、耐腐蚀，伸长率大，可以印花，并能与胶合板、纤维板、石膏板、纸张、玻璃纤维布等黏结、复合。塑料薄膜除用作室内装饰材料外，尚可做防水材料、混凝土施工养护等用。

用合成纤维织物加强的薄膜，是充气房屋的主要建筑材料，它具有质轻、不透气、绝热、运输安装方便等特点。适用于展览厅、体育馆、农用温室、临时粮仓及各种临时建筑。

5. 化纤地毯

采用丙纶、腈纶为纤维材料，经簇绒法或机织法制成面层，再用麻布作底层，加工成化纤地毯。其质感、色彩、图案丰富多彩，耐磨又富有弹性，脚感舒适，酷似羊毛地毯。适用于宾馆、饭店、办公室等公共建筑物地面。

第三节 建筑胶黏剂

胶黏剂是指具有良好的黏结性能，能在两个物体表面间形成薄膜并把它们牢固地黏结在一起的材料。与焊接、铆接、螺纹连接等连接方式相比，胶接具有很多突出的优越性：如黏接为面际连接，应力分布均匀，耐疲劳性好；不受胶接物的形状、材质等限制；胶接后具有良好的密封性能；几乎不增加黏结物的重量；胶接方法简单等。因而在建筑工程中的应用越来越广泛，成为工程上不可缺少的重要的配套材料。

一、胶黏剂的组成与分类

(一) 胶黏剂的组成

胶黏剂是一种多组分的材料，它一般由黏结物质、固化剂、增韧剂、稀释剂、填料和改性剂等组分配制而成。

1. 黏结物质

黏结物质也称为黏料，它是胶黏剂中的基本组分，起黏结作用，其性质决定了胶黏剂的性能、用途和使用条件。一般多用各种树脂、橡胶类及天然高分子化合物作为黏结物质。

2. 固化剂

固化剂是促使黏结物质通过化学反应加快固化的组分，它可以增加胶层的内聚强度。有的胶黏剂中的树脂（如环氧树脂）若不加固化剂，本身不能变成坚硬的固体。固化剂也是胶黏剂的主要成分，其性质和用量对胶黏剂的性能起着重要的作用。

3. 增韧剂

增韧剂用于提高胶黏剂硬化后黏结层的韧性，提高其抗冲击强度的组分。常用的有邻苯二甲酸二丁酯和邻苯二甲酸二辛酯等。

4. 稀释剂

稀释剂又称溶剂，主要是起降低胶黏剂黏度的作用，以便于操作，提高胶黏剂的湿润性和流动性。常用的有机溶剂有丙酮、苯、甲苯等。

5. 填料

填料一般在胶黏剂中不发生化学反应，它能使胶黏剂的稠度增加，降低热膨胀系数，减少收缩性，提高胶黏剂的抗冲击韧性和机械强度。常用的品种有滑石粉、石棉粉、铝粉等。

6. 改性剂

改性剂是为了改善胶黏剂的某一方面性能，以满足特殊要求而加入的一些组分。如为增加胶结强度，可加入偶联剂，还可以分别加入防老化剂、防腐剂、防霉剂、阻燃剂、稳定剂等。

(二) 胶黏剂的分类

胶黏剂品种繁多，分类方法较多，最为常见的是按基料组成成分分类。

1. 无机胶

磷酸盐、硼酸盐、硅酸盐等。

2. 有机胶

天然胶、合成胶。细分如下：

天然胶包含动物胶（如骨胶、皮胶、虫胶等）、植物胶（如淀粉胶、大豆胶等）。

合成胶包含树脂胶（如环氧树脂胶、酚醛树脂胶、聚氨酯树脂胶、氨基树脂胶等）、橡胶（如氯丁橡胶、丁腈橡胶、聚硫橡胶、硅橡胶等）、混合型（如环氧-丁腈胶、酚醛-氯丁胶等）。

此外，还可按固化后强度特性分为结构型、次结构型和非结构型；按固化条件分为室温固化胶黏剂、高温固化胶黏剂、低温固化胶黏剂、光敏固化胶黏剂和电子束固化胶黏剂等。

二、常用建筑胶黏剂

（一）结构胶

1. 建筑结构胶

建筑结构胶应有足够的黏结强度，能长期承受较大的荷载，具有良好的耐介质性、耐老化性。主要用于钢件与钢件之间、钢材与混凝土之间等受力构件的黏结。从而达到对建筑物加固、密封、修复及改造的目的。

根据不同的应用状态、部位、受力状况，建筑结构胶分为黏钢结构胶、黏钢灌注胶、植筋胶、化学灌浆用胶、黏碳纤维胶等。工程中常用的结构胶有改性环氧树脂胶、改性酚醛树脂胶、不饱和聚酯树脂胶等。

2. 幕墙结构胶

用于玻璃幕墙结构，用来黏结玻璃与玻璃、铝材与玻璃，承受风力、地震、温度变化等作用。同时也起到幕墙的密封作用。因此幕墙结构胶应具有良好的抗拉伸黏结性能、优良的密封性能以及良好的耐候性。玻璃幕墙用结构胶主要是硅酮密封胶。

（二）非结构胶

非结构胶用于胶接受力不大的制件，用作定位作用或起密封作用。常见的包括地板胶、瓷砖胶、石料胶、壁纸胶、塑料管道胶、竹木胶及密封胶等。

工程中常用的结构胶有：聚乙烯醇胶黏剂、酚醛树脂胶黏剂、脲醛树脂胶黏剂、呋喃树脂胶黏剂等。

第四节　建筑油漆与建筑涂料

一、建筑油漆

（一）调和漆

调和漆是在熟干性油中加入颜料、溶剂、催干剂等调和而成的，是最常用的一种油漆。调和漆质地均匀、稀稠适度，漆膜耐蚀、耐晒，经久不裂，遮盖力强，耐久性好，施工方便，适用于室内外钢铁、木材等材料表面。常用的有油性调和漆、磁性调和漆等品种。

（二）清漆

清漆属于一种树脂漆，系将树脂溶于溶剂中，加入适量催干剂而成。清漆一般不掺颜料，涂刷于材料表面，溶剂挥发后干结成光亮的透明薄膜，能显示出材料表面原有的花纹。清漆易干，耐用，并能耐酸、耐油、可刷、可喷、可烤。

根据所用原料的不同，清漆有油清漆和醇酸清漆等品种。

油清漆系由合成树脂、干性油、溶剂、催干剂等配制而成。油料用量较多时，漆膜柔韧、耐久，且富有弹性，但干燥较慢。油料用量少时，则漆膜坚硬、光亮，干燥快，但较易脆裂。

醇酸清漆系由醇酸树脂溶于有机溶剂中而成，通常是浅棕色的半透明液体。这种清漆干燥迅速，漆膜硬度高，电绝缘性好，可抛光、打磨，显出光亮的色泽，但膜脆，耐热及抗大气性较差。醇酸清漆主要用于涂刷室内门窗、木地板、家具等，不宜外用。

（三）天然漆

天然漆是以漆树汁为原料经过滤而成的涂料。又称大漆、生漆、国漆等，为我国著名特产。

天然漆不溶于水，而能溶于多种有机溶剂，如酒精、石油醚、甲醇、丙酮、四氯化碳、汽油等。其黏性较高，不易施工。大漆应在20～30 ℃，相对湿度80％～90％条件下干燥，不宜加催干剂。

天然漆漆膜坚硬，富有光泽，而且具有独特的耐久性、抗渗性、耐磨性、耐油性、耐化学腐蚀性、耐水性、绝缘性、耐热性等优良性能。但漆膜色深，性脆，挠性与抗曲性差，耐强氧化剂和强碱性能差，不耐阳光直射。而且有毒性，施工时会使人发生皮肤过敏。

天然漆主要用于古建筑中的油漆彩画、现代园林建筑、工艺美术品、高级木器等。

（四）磁漆（瓷漆）

磁漆系在清漆基础上加入无机颜料而成。因漆膜光亮、坚硬，酷似瓷（磁）器，故名。磁漆色泽丰富，附着力强，适用于室内装修和家具，也可用于室外的钢铁和木材表面。常用的有醇酸磁漆，酚醛磁漆等品种。

(五) 喷漆

喷漆是清漆或磁漆的一个品种，因采用喷涂法，故名。常用喷漆由硝化纤维、醇酸树脂、溶剂或掺加颜料等配制而成。喷漆漆膜坚硬，附着力大，富有光泽，耐酸、耐热性好，是室内木器家具、金属装修件的常用涂料。

(六) 夜光油漆

这种油漆在调制时加入了一种能发光的光粉，在白天可以储存光能，到了晚上则释放光能。将这种夜光油漆涂在楼房的楼梯及走廊等处，在夜间不开灯也能方便行走，因此可节省电能。

(七) 有机硅耐高温防腐漆

一种用于高炉、热风炉外壁、高温输气、排热气管道、烟道、热交换器以及其他金属表面要求高温防腐保护的有机硅耐高温防腐漆。

该产品由有机硅树脂、超细锌粉、特种耐高温抗腐蚀颜料填料及助剂、固化剂、有机溶剂等组成。可常温自干，具有耐热、耐候性、耐腐蚀等优良性能，并具有电绝缘和良好的装饰性，可长期耐 400 ℃高温。施工可采用刷涂、轮涂或喷涂。

(八) 特种油漆

建筑上常用的特种漆是各种防锈漆及防腐漆。按施工方法可分为底漆和面漆。先用底漆打底，再用面漆罩面，对钢铁及其他材料能起较好的防锈、防腐作用。

防锈漆用精炼的亚麻仁油、桐油等优质干性油作成膜剂，红丹、锌铬黄、铁红、铝粉等做防锈颜料。也可加入适量滑石粉、瓷土等做填料。

红丹漆是目前使用最广泛的防锈底漆。红丹呈碱性，能与侵蚀性介质中的酸性物质起中和作用；红丹还具有较高的氧化能力，能使钢铁表面氧化成均匀的 Fe_2O_3 薄膜，与内层紧密结合，起强烈的表面钝化作用；红丹与干性油结合所形成的铅皂，使漆膜紧密、不透水，因此有显著的防锈效果。

锌铬黄防锈漆也是一种常用的防锈漆。锌铬黄也呈碱性，能与金属结合，使表面钝化，具有防锈效果，且能抵抗海水的侵蚀。

沥青清漆及磁漆具有较高的防锈性能。对水、酸及弱碱的抵抗性较强，适宜于钢铁表面的防锈。与铝粉配合使用，可使沥青漆的抗老化性增强，并改善其防水、防锈、防腐蚀性能。

硼钡酚醛防锈漆是一种新型防锈漆，可代替红丹防锈漆。这种防锈漆最好与醇酸磁漆、酚醛磁漆等配合使用，具有防锈性好、干燥快、施工方便、无毒等特点。

在建筑工程中，常用生漆、过氯乙烯漆、酯胶漆、环氧漆、沥青漆等作为耐酸、防腐漆，用于化工防腐蚀工程。

目前，我国涂料工业发展迅速，生产厂家多，品种丰富，性能各异，使用者宜根据需要，酌情选用。

二、建筑涂料

（一）涂料的作用、分类及组成

1. 涂料在建筑中的作用

涂料是一种常用的建筑装饰材料，涂刷于材料表面，能结硬成膜。涂料不仅色泽美观，而且起到保护主体材料的作用，从而提高主体建筑材料的耐久性。

涂料应能满足使用功能上的要求，并具有适当的黏度和干燥速度，所形成的涂膜应能与基面牢固结合，具有一定的弹性、硬度和抗冲击性，同时应有良好的遮盖能力。

2. 涂料的基本用途

油漆涂料是一种传统的材料，广泛使用于建筑业、制造业、交通运输和农业等各部门。建筑涂料是近年来发展起来的，专供建筑上使用的一种新型的建筑装饰材料。

3. 涂料的基本类型

（1）溶剂型涂料

溶剂型涂料是以高分子合成树脂为主要物质，有机溶剂为稀释剂，加入适量的颜料、填料（体质颜料）及辅助材料，经研磨而成的涂料。涂膜薄而坚硬，有一定的耐水性，其缺点是有机溶剂价格高、易燃，挥发物质对人体有害。

（2）水溶性涂料

水溶性涂料是以水溶性树脂为主要成膜物质，以水为稀释剂，并加适量颜料、填料及辅助材料，经研磨而成的涂料。该涂料直接溶于水中，无毒、无味、工艺简单、涂膜光洁、平滑、耐燃性及透气性好、价格低廉，其缺点是耐水性较差，潮湿地区易发霉。

（3）乳胶漆

乳胶漆是将合成树脂以 0.1～0.5 μm 的细微粒子分散于有乳化剂的水中构成乳液，以乳液为主要成膜物质，并加入适量颜料、填料和辅助原料共同研磨而成的涂料。该涂料以水为分散介质，无易燃溶剂，施工方便，可在潮湿基层上施工，耐候性、透气性好。但必须在 10 ℃以上气温施工，以免影响涂料质量。

4. 涂料的组成

涂料的基本组分有主要成膜物、次要成膜物与辅助成膜物三大部分。

（1）主要成膜物（基料）

主要成膜物质是涂料的主要组分。涂料中的成膜物质在材料表面，经一定的物理或化学变化，能干结、硬化成具有一定强度的涂膜，并与基面牢固黏结。成膜物质的质量，对涂料的性质有决定性作用。常用各种油料或树脂作为涂料的成膜物质。

油料成膜物质分为干性油、半干性油及不干性油三种。干性油具有快干性能，干燥的涂膜不软化、不熔化，也不溶解于有机溶剂中。常用的干性油有亚麻仁油、桐油、梓油、苏籽油等。半干性油干燥速度较慢，干燥后能重新软化、熔融，易溶于有机溶剂中。为达到快干目的，需掺催干剂。常用的半干性油有大豆油、向日葵油、菜籽油等。不干性油不能自干，不适于单独使用，常与干性油或树脂混合使用。常用的不干性油有蓖麻油、椰子油、花生油、柴油等。

树脂成膜物质由各种合成或天然树脂等原料构成。大多数树脂成膜剂能溶于有机溶剂中，溶剂挥发后，形成一层连续的与基面牢固黏结的薄膜。这种漆膜的硬度、光泽、抗水性、耐化学腐蚀性、绝缘性、耐高温性等都较好。常用的合成树脂有酚醛树脂、环氧树脂、醇酸树脂、聚酰胺树脂等。天然树脂有松香、琥珀、虫胶等。有时也用动物胶、干酪素等做成膜剂。

（2）次要成膜物

次要成膜物主要指涂料中所用的颜料。当涂料成膜后，颜料可使涂膜具有颜色；可增加涂膜的强度；可起骨架作用，减少涂膜的固化收缩；阻止紫外线穿透，提高涂膜的耐久性；或者带来其他特殊效果。次要成膜物不能单独成膜。按其主要作用分为着色颜料、体质颜料和防锈颜料。

着色颜料在涂膜中起着色和遮盖作用。着色颜料有无机颜料（主要是各种金属的氧化物或盐类）和有机颜料。

体质颜料又称填充料，可增加涂膜厚度，加强涂膜的体质；可提高涂膜的耐磨性和耐久性，但由于其遮盖力较差，不能阻止光线透过涂膜。主要有重晶石粉（$BaSO_4$）、碳酸钙、滑石粉、瓷土等。

防锈颜料主要起防止金属锈蚀作用。常有红丹（Pb_3O_4）、铁红（Fe_2O_3）及银粉（即铝粉）等。

（3）辅助成膜物质（溶剂）

溶剂或稀释剂是能溶解油料、树脂、沥青、硝化纤维，而易于挥发的有机物质。溶剂的主要作用是调整涂料稠度，便于施工，增加涂料的渗透能力，改善黏结性能，并节约涂料，但掺量过多会降低漆膜的强度和耐久性。常用的溶剂有松节油、松香水、香蕉水、酒精、汽油、苯、丙酮、乙醛等。水是水性涂料的稀释剂。

为加速涂料的成膜过程，使漆膜较快地干结、硬化，可在涂料中加入催干剂。常用铅、钴、锰、铬、铁、铜、锌、钙等金属的氧化物、盐及各种有机酸的皂类作为催干剂。

（二）外墙涂料

外墙涂料主要功能是装饰和保护建筑物的外墙面，使建筑物外貌整洁美观，并延长其使用寿命。因此，外墙涂料要求色彩丰富多样，耐水性、耐候性、耐沾污性良好，施工及维修方便。

1. 过氯乙烯涂料

过氯乙烯涂料是以过氯乙烯树脂为主要成膜物质，掺入增塑剂、稳定剂，颜料和填充料等经混炼、切片后溶于有机溶剂中制成。这种涂料具有良好的耐腐蚀性、耐水性及抗大气性。涂料层干燥后，柔韧富有弹性，不透水，能适应建筑物因温度变化而引起的伸缩。这种涂料与抹灰面、石膏板、纤维板、混凝土和砖墙黏结良好，可连续喷涂，用于外墙，美观耐久，防水，耐污染，便于洗刷。

2. 苯乙烯焦油涂料

苯乙烯焦油涂料是以苯乙烯焦油为主要成膜物质，掺加颜料、填充料及适量有机溶剂等，经加热熬制而成。这种涂料具有防水、防潮、耐热、耐碱及耐弱酸的特性，与基面黏结良好，施工方便。

3. 聚乙烯醇缩丁醛涂料

聚乙聚醇缩丁醛涂料是以聚乙烯醇缩丁醛树脂为成膜物质，以醇类溶剂为稀释剂，加入颜料、填料，经搅拌，混合、溶制、过滤而成。这种涂料具有柔韧、耐磨、耐水等性能，并具有一定的耐酸碱性。

4. 丙烯酸酯涂料

丙烯酸酯外墙涂料是以热塑性丙烯酸酯合成树脂为主要成膜物质。它是由苯乙烯、丙烯酸丁酯、丙烯酸等单体，加入引发剂过氧化苯甲酰，溶剂二甲苯、醋酸丁酯等，通过溶液聚合反应而制得的高分子聚合物溶液，为改善性能，降低成本，也可以加入过氯乙烯树脂。

该涂料耐候性良好，长期光照、日晒、雨淋不易变色、粉化、脱落，与墙面结合牢度好，可在严寒季节施工，都能很好干燥成膜。

5. 聚氨酯系涂料

聚氨酯系外墙涂料是以聚氨酯树脂或聚氨酯与其他树脂复合物为主要成膜物质，加颜料、填料、辅助材料组成的优质外墙涂料。

该涂料具有橡胶般的高弹性性质，对基层裂缝有较大应变性，其涂层可耐5000次以上伸缩疲劳而不发生断裂，有较好的耐水性、耐酸碱性，表面光泽度好，呈瓷砖样的质感，耐沾污性、耐候性好，经1000 h加速耐候试验，其伸长率、硬度、抗拉强度几乎不降低。但施工时应注意防火。

6. 彩色瓷粒外墙涂料（又称砂壁状建筑涂料）

彩色瓷粒外墙涂料可以丙烯酸类合成树脂为基料，以彩色瓷粒及石英砂粒等做骨料，掺加颜料及其他辅料配制而成。这种涂层色泽耐久，抗大气性和耐水性好，有天然石材的装饰效果，艳丽别致，是一种性能良好的外墙饰面。

7. 彩色复层凹凸花纹外墙涂料

涂层的底层材料由水泥和细骨料组成，掺加适量缓凝剂，拌和成厚浆，主要用于形成凹凸的富有质感的花纹。面层材料用丙烯酸合成树脂配制成的彩色涂料，起罩光、着色及装饰作用。涂层用手提式喷枪进行喷涂后，在30 min内用橡皮辊子或聚乙烯辊子将凸起部分稍做压平，待涂层干燥，再用轮子将凸起部位套涂一定颜色的涂料。

8. 乙顺乳胶漆

由醋酸乙烯和顺丁烯二脂二丁酯两种单体，用乳化剂和引发剂在一定温度下进行乳液聚合反应，制得乙顺共聚乳液，以这种乳液为主要成膜物质，掺入颜料、填料与助剂，经分散混合后配制而成乙顺乳胶漆。该涂料的耐冻融性、耐水性及耐污染性均佳。

9. 乙-丙乳胶漆及厚涂料

由醋酸乙烯和一种或几种丙烯酸酯单体借助非离子型乳化剂和无机过氧化物引发剂的作用，在一定温度下进行共聚反应制得乙-丙共聚乳胶液。

将这种乳液作为成膜物质，掺入颜料、填料、助剂、防霉剂等，经分散、混合后制成的乳胶漆。有良好的光稳定性和耐候性。抗冻性、耐水性、耐污染性良好。因此，可作为外墙涂料用于室外。该涂料配制过程中如果加入云母粉、细粒砂石，可制成厚质涂料而增强其粗糙质感和遮盖能力，装饰效果较好。

10. 无机建筑涂料

无机建筑涂料以碱性金属硅酸盐或硅溶胶为主要成膜物质。碱金属硅酸盐包括有硅酸钠、硅酸钾、硅酸锂及其混合物加入相应固化剂或有机合成树脂乳液所成的涂料。硅溶胶是与有机合成树脂及颜料、填料等所组成的涂料。

无机建筑涂料与有机涂料相比有如下特点：

（1）耐水性能优异，水中浸泡 500 h 无破坏。

（2）黏结力强，适用于混凝土预制板、砂浆、砖墙、石膏板等。

（3）耐老化性达 500～800 h。

（4）成膜温度低（－5 ℃），施工方便，生产效率高，原材料来源丰富。

（三）内墙涂料

内墙涂料主要功能也是起装饰和保护室内墙面的作用，使其达到美观整洁。除色彩丰富、细腻外，还要求色彩浅淡、明亮，涂层质地平滑柔和，而且要有耐水性和耐洗刷性，同时透气性良好，涂刷方便，重涂容易。使室内保持优雅的生活环境。

1. 聚乙烯醇水玻璃涂料（106 涂料）

聚乙烯醇水玻璃涂料是以聚乙烯醇树脂水溶液和钠水玻璃为成膜物质，掺加颜料、填料及少量外加剂，经研磨加工而成的一种水溶性涂料。这种涂料成本低、无毒、无臭味，能在稍潮湿的水泥和新、老石灰墙面上施工，黏结力好，干燥快，涂层表面光洁，能配成多种色彩（如奶白、奶黄、淡青、玉绿、粉红等色），装饰效果好。

2. 聚乙烯醇缩甲醛内墙涂料（803涂料）

聚乙烯醇缩甲醛涂料是以聚乙烯醇缩甲醛为成膜物质，掺加颜料、填料、石灰膏及其他助剂，经研磨加工而成的涂料，这种涂料无毒、无臭味，可喷可刷，涂层干燥快，施工方便，与新、老石灰墙面黏结良好。涂料色彩多样，装饰效果好，尚具有耐水、耐洗刷等特性。

3. 聚醋酸乙烯乳液涂料

聚醋酸乙烯乳液涂料是以聚醋酸乙烯乳液和颜料、填料，经混合配制而成的薄质涂料，如果掺入云母粉、粗细砂粒能形成质感粗糙的涂层，称为乳液厚质涂料。

该乳液涂料色泽好，抗大气性和耐水性高，无毒，不污染环境，施工操作方便，适用于砂浆、混凝土、木材表面的喷涂，涂膜透气性良好，涂膜细腻、平滑，有一定装饰效果。

4. 滚花涂料

滚花涂料是适应滚花新工艺的一种新型涂料，系由108胶、106胶和颜料、填充料等，分层刷涂、打磨、滚涂而成。这种涂料滚花后，貌似壁纸，色调柔和，美观大方，质感强；施工方便，耐水、耐久性好。

5. 氯偏共聚乳液内墙涂料

该涂料具有无毒、无味、耐水、耐磨、涂膜快干、光洁美观、施工简便、耐碱、耐化学性、耐洗刷性好、附着力强等特点，可用于工业与民用建筑内墙及地下防潮工程。

6. 芳香内墙涂料

该涂料以聚乙烯醇添加合成香料、颜料、助剂等配制而成。具有色泽鲜艳、气味芳香、浓郁无毒、清香持久的特点，并有净化空气、驱虫灭菌的功能，同时具有洗涤性、耐水性、涂膜表面光洁、附着力强、不脱粉等特性，适用于住宅楼宇、医院、宾馆等的内墙。

7. 内墙花样涂料

该涂料属于高档丙烯酸系列内墙涂料，是以丙烯酸共聚乳液加以体质颜料、着色颜料和各种助剂制成底涂料、中涂料和面涂料，经喷涂形成的单彩或多彩的细小立体花纹，涂膜附着力强，硬度高，并带有光泽，耐污染，可喷涂、轮涂、刷涂，也可做成复层花样涂料，用于室内装饰，具有较好的装饰效果。

(四) 地面涂料

建筑物的室内地面采用专门的地面涂料作饰面是近几年来兴起的一种新材料和新工艺。与传统的地面相比较。施工简便，用料省，造价低，维修更新方便，所以地面涂料很快在建筑中获得了广泛的应用。

地面涂料主要功能是装饰和保护室内地面，使地面清洁美观，同时与墙面装饰相适应，让居住者处于优雅的室内环境之中，还要求涂料与地面有良好的黏结性能以及耐碱性、耐水性、耐磨性和抗冲击性，不易开裂或脱落，施工方便，重涂容易。

1. 过氯乙烯地面涂料

过氯乙烯地面涂料是以过氯乙烯树脂为成膜物质，掺入增塑剂、稳定剂和填料等经混炼、滚轧、切片后溶于有机溶剂中配制而成的溶剂型地面涂料。

该涂料具有一定硬度、强度、抗冲击性、附着力和抗水性，生产工艺简单，施工方便，涂膜干燥快，涂布后，地面光滑美观，易于清洗。

2. 苯乙烯地面涂料

苯乙烯地面涂料是以苯乙烯焦油为成膜物质，经熬炼处理，加入颜料、填料、有机溶剂等原料而成的溶剂型地面涂料。该涂料涂膜干燥快，与水泥砂浆、混凝土有很强的黏结力，同时有一定的耐磨性、抗水性、耐酸性和耐碱性，用于住宅建筑地面，效果良好。

3. 环氧树脂地面涂料

环氧树脂是环氧树脂地面涂料的主要成膜物质，以低黏度液体状的为好（牌号 6101)。固化剂为乙二胺、二乙烯三胺、三乙烯四胺等多胺类，为了改善其柔软性，常加入苯二甲酸二丁酯。

稀释剂采用二甲苯、丙酮等，再加颜料、填料（细骨料以滑石粉为好，粗骨料选用砂或其他材料）经混合而成，施工方法简单，与普通地面施工方法相同，但施工前地面必须干燥。地面可做成大理石花纹或仿水磨石地面等。涂布地面后进行养护，夏季4～8 h可固化、冬季为1～2 d可固化，为使其充分固化，养护一星期后再交付使用。如果在使用前进行打蜡处理，则可提高其装饰效果和耐污染性。

4. 不饱和聚酯涂料

以不饱和聚酯370－2为主要成膜物质，加入固化剂过氧化环己酮，为了便于溶解，将其与苯二甲酸二丁酯共同研磨成浆，常用环烷酸钴为促进剂，用大理石渣作填料可制成磨石状地面，为使充分固化常用苯乙烯酯液做封闭处理，以免空气中的氧起阻聚作用。

该涂料固化很快，一般12 h后可以上人，进行磨光，但其缺点是固化后收缩较大，日后在使用过程中可能产生裂缝或起鼓现象。该涂料流平性与施工性较好，表面平整。

5. 聚氨酯地面涂料

聚氨酯无缝涂布地面是由聚氨酯预聚体、交联固化剂和颜料、填料等组成。铺设地面时，将三种材料按照比例调成胶浆，涂布于基层上，在常温下固化后形成整体的具有弹性的无缝地面。

该涂料具有许多独特的优点，特别是耐磨、弹性、耐水、抗渗、耐油、耐腐蚀等性能。施工方法简便。

6. 聚乙烯醇缩甲醛胶水泥涂料

该涂料是以水溶性乙烯醇缩甲醛胶为主要成膜物质与普通水泥和一定量的氧化铁颜料组成的一种厚质涂料。该涂料光洁美观，具有一定耐磨性、耐水性、耐热性、抗冲击性、耐化学药品性等。

(五) 防水涂料

防水涂料是为隔绝雨水、地下水及其他水渗透的材料。防水涂料的质量与建筑物的使用寿命密切相关。目前，防水涂料品种很多，特别是新型防水涂料，涂刷在防水基层上，在常温下就可固化，形成具有一定弹性的涂膜防水层，不仅防水性能好，而且安全性好，不必加热熬制，同时具有温度适应性强，操作简便等特点。

目前，使用较多的防水涂料有如下几种。

1. 聚乙烯醇缩丁醛防水装饰涂料

这种涂料成膜性好，黏结力强，漆膜柔韧、耐磨、耐晒，具有较好的防水性能，可配制成各种颜色，装饰效果良好。

2. 苯乙烯焦油涂料

这种涂料具有良好的防水性和黏结力，有一定的耐酸、耐碱性。适用于各种轻型屋面板构件的自防水。

3. 氯丁橡胶—海帕伦涂料

这是以两种涂料做成膜物质，基底涂料是氯丁橡胶，而面层涂料用海帕伦涂料组成。

这两种涂料都是耐久的弹性体材料，耐候性及抗基层发丝裂纹的能力较好。

4. 聚氨酯涂膜防水涂料

该涂料是双组分型，甲组分是含有端异氰酸酯基（—NCO）的聚氨酯预聚物，乙组分由含有多羟基的固化剂、增韧剂、增黏剂、防霉剂、填充剂和稀释剂等配制而成。甲、乙两组分按一定比例（1∶1.5）混合均匀，形成常温反应固化型黏稠状物质，涂布固化后形成柔软、耐水、抗裂和富有弹性的整体防水涂层。

5. JM—811型防水涂料

该涂料是以聚醚型聚氨酯为主体的双组分溶剂型防水涂料，其特点是不仅能防水而且装饰性好，它具有较好的耐化学腐蚀性、抗渗性、黏结性和弹性，可以冷作业施工。

6. JG—1型防水冷胶料

该涂料是油溶性再生橡胶沥青防水冷胶料，具有高温不流淌，低温不脆裂，弹塑性能良好，黏结力强，干燥速度快，老化缓慢，操作简便，而且可以在零摄氏度以下施工的特性，适用于屋面、墙面、地面、地下室，也可用于嵌缝、补漏、防渗、防腐等工程。

7. JG—2 型防水冷胶料

该涂料是水乳型双组分防水涂料，A 液为乳化橡胶，B 液为阴离子乳化沥青，两者混合后涂刷于基层上形成防水涂膜。该涂料具有橡胶弹性、耐低温性、黏结性、不透水性、高温下不流淌、低温下不开裂的特性，是一种无毒、无味的新型防水涂料。可用于屋面、地下室、冷库、蓄水池、嵌缝、防腐、防水等工程。

（六）特种涂料

特种涂料不仅具有保护墙体和装饰作用，而且还具有一些特殊功能，如有阻止霉菌生长的防霉、卫生灭蚊、防静电、发光等功能。

1. 卫生灭蚊涂料

该涂料以聚乙烯醇、丙烯酸酯为主要成膜物质，配以高效低毒的杀虫剂。加助剂配合而成。其色泽鲜艳、遮盖力强、耐湿擦性能好，对蚊蝇、蟑螂等虫害有很好杀灭作用。同时又具有耐热性、耐水性，附着力强，高效低毒，无不良反应，可用于居民住宅、食品贮藏室、医院、部队营房等工程。

2. 防霉涂料

该涂料以氯乙烯－偏氯乙烯共聚物为成膜物质，加低毒高效防霉剂等配制而成。对黄曲霉、黑曲霉、萨氏曲霉、土曲霉、焦曲霉、黄青霉等十几种霉菌有防菌效果，同时还具有耐水性、耐酸碱性、洗刷性、附着力强等性能。适用于食品厂、糖果厂、罐头厂、卷烟厂、酒厂以及地下室易于霉变的工程。

3. 防静电涂料

该涂料以聚乙烯醇缩甲醛为基料，掺入防静电剂和多种助剂加工配制而成。具有质轻、层薄、耐磨、不燃、附着力强、有一定弹性、耐水性好等特点。

4. 发光涂料

该涂料是在夜间能指示，起标志作用的涂料。涂料由成膜物质、填充剂、荧光颜料等组成。具有耐候性、耐油性、抗老化性和透明性。

可用于标志牌、广告牌、交通指示器、电灯开关、钥匙孔、门窗把手等。

5. 金属闪光色彩的气溶胶涂料

该涂料同醇酸树脂和丙烯酸树脂溶解到一些在常压条件下为气体，在加压密闭容器中为液体作为动力溶剂的材料中，当打开容器喷嘴时，这种溶剂就能自动地喷射到建筑物上成膜。其动力溶剂为有机氟烃类和石油馏分中的低分子烃类等。加颜料、填料尚可配制各种色彩的涂料。

6. 超耐候型涂料

这类涂料以氟树脂涂料为代表，人工老化在 4000 h 以上，耐候可达 20 年以上。特点是耐沾污性和化学稳定性好，雨水冲刷墙面后涂层如新涂刷的一样。可常温干燥，施工性能好。不足之处为生产工艺复杂，设备要求高，为了满足超耐候性要求，用的颜料以陶瓷颜料为主。

7. 高耐候弹性建筑涂料

用聚醚、聚酯、丙烯酸酯进行有机硅改性。制成羟基部分，再用含 NCO 的脂肪族氨基甲酸酯交联。这种涂料的涂膜具有优异的弹性，伸长可达 600%～800%，弹性附着力大于 10 MPa，即使在 −20 ℃仍具有良好的弹性和挠曲性，可解决底材 0.1～3 mm 的裂缝，耐候性可达 10～15 年。该涂料具有优异的耐候性、耐酸碱性、耐沾污性和防水性及很好的装饰性能和复合功能性，应用前景十分广阔。

8. 吸收太阳能涂料

一种能够有效吸收太阳能的涂料。涂料的第一层是由氧化硅制成的防阳光反射层，对照射在涂料上的阳光只吸收不反射，防止热量的损失。第二层是吸收阳光热量的金属陶瓷层。第三层是导热性良好的金属层。这三层总厚度只有 100 nm。经过实验，这种新型涂料可以将接收阳光的 98%转变成热能，并使热能转变成电能的总效率达到 20%以上。

(七) 纳米建筑涂料

纳米技术是当今世界研究和开发的热点。纳米是长度的计量单位，为 1 m 的十亿分之一。人们把颗粒直径小于 100 nm 的粉粒集合体称为纳米微粒。纳米微粒在“高档涂料”体系中，以其独特的物理、化学性能，包括常规材料所不具备的小尺寸效应、量子尺寸效应和表面界面效应，大幅度提高了涂料产品的悬浮稳定性、流变性、耐水洗刷性、附着力、光洁度、对比率、抗老化性和的悬浮稳定性、流变性、耐水洗刷性、附着力、光洁度、对比率、抗老化性和涂膜的表面硬度及自洁能力。

1. 硅基纳米涂料

该产品通过特殊工艺引入活性有机硅材料及功能独特的硅基纳米材料，从而使材料具有独特优良的性能。

（1）高耐候性

该涂料基料采用的是有机硅丙烯酸树脂，加进硅基纳米材料后，整个基料的分子呈三维立体网状结构，从而大大提高了涂膜的强度及耐候性。

（2）耐沾污性

由于其硅基纳米微粒具有很好的抗静电功能，可以减少尘埃沾污，且施工完后，保持涂层光滑，雨水冲刷后，涂层如新。

（3）高保色性

作涂料颜填料的优质花岗岩石粉，有多种色系和任意造型的特点，可保证日晒雨淋 15 年不褪色。

（4）极佳的防水性

该涂料加入硅基纳米材料后，产品有吸水率低，表面张力大，具有极佳的斥水性。

（5）柔韧性好、硬度高

该涂料涂膜可以拉伸几个毫米，具有良好的延展性。产品上墙后，有相当于大理石的硬度。

（6）隔热性能

该涂料中纳米微粒具有特殊光学性能，对波长 800 nm 以上的红外线反射率达 70%以上，所以有高度的抗热辐射性能和优良的隔热效果。

（7）无苔藓、无菌类滋长

该涂料添加了复合防霉、防腐材料，保证产品无苔藓、菌类滋长。

（8）环保型

该涂料是一种水性厚质涂料，不含有毒和有害物质，对人体、环境无危害，无污染。

2. 绿色环保抗菌涂料

中科院化学研究所等单位与北京某涂料公司合作，成功推出新型绿色环保抗菌涂料。纳米抗菌涂料是采用稀土激活无机抗菌剂与纳米材料技术相结合的方式，将高科技成果应用于传统的涂料生产，从而改善涂料的性能，使纳米抗菌涂料具有许多独特的优点。

（1）涂层的耐洗刷性、耐老化性及耐沾污性能均有显著增强。

（2）能够有效抑制细菌、霉菌的生长，吸收分解空气中的有机物及异味。

（3）净化空气中的 CO_2、NO_2、SO_2、NH_3、VOC 及吸烟等产生的其他有害气体。

（4）抗紫外辐射率高及能增加空气中的负离子浓度，清新空气，改善睡眠，促进人体新陈代谢。

（5）涂料的耐低温性好，可有效地解决由于目前建筑密封性增强带来的有害气体不能尽快排出室外等环境污染问题。

这种新型的纳米抗菌涂料可广泛地应用于建筑工程。

第五章　新型建筑材料与纳米材料

第一节　纳米改性水泥

水泥是大众建材，用量大，人们还未充分重视使用纳米技术对其进行改性。其实，水泥硬化浆体（水泥石）是由众多的纳米级粒子（水化硅酸钙凝胶）和众多的纳米级孔与毛细孔（结构缺陷）以及尺寸较大的结晶型水化产物（大晶体对强度和韧性都不太有利）所组成的。借鉴当今纳米技术在陶瓷和聚合物领域内的研究和应用成果，应用纳米技术对水泥进行改进研究，有望进一步改善水泥的微观结构，以显著提高其物理力学性能和耐久性。但纳米改性水泥的研究工作才刚刚起步。

将纳米材料用于水泥，由于纳米粒子的高度反应活性，可以加快水泥固化速率，纳米粒子的粒径小，因而可以占据许多孔隙，使水泥的结合强度明显提高。对于专用水泥和特种水泥，比如防酸碱腐蚀水泥、耐剥落性水泥，都会由于纳米材料的加入而明显提高其相应的性能。总之，将纳米技术用于水泥，可使水泥的性能大大提高，并可望制备强度等级非常高的水泥，以满足特种需要。

普通水泥本身的颗粒粒径通常在 7～200 μm，但其约为 70％的水化产物——水化硅酸钙凝胶（CSH 凝胶）尺寸通常在纳米级范围。经测试，该凝胶的比表面积约为 180 m^2/g，可推算得到凝胶的平均粒径为 10 nm。

水泥硬化浆体实际上是以水化硅酸钙为主凝聚而成的初级纳米材料。然而，这类所谓的纳米级材料其微观结构是粗糙的。对于 $W/C=0.3$～0.5 的普通水泥硬化浆体，其总空隙率在 15％～30％，其中可再分为两级：①纳米尺度（10^{-9} m）的水化硅酸钙凝胶孔；②由存在于水化物之间的气泡、裂缝所组成的毛细孔，其尺寸范围则在 100 nm 至几毫米之间。而且，其纳米级的水化硅酸钙凝胶之间较少有化学键合，较少有通过第三者化学键合而形成较好的网络结构。而通过添加纳米材料，可以与水化产物产生更多的化学键合，并形成新的网络结构。

一、纳米材料在水泥中的应用简述

（一）纳米材料在水泥中的研究进展

由于 20 世纪 60 年代德国和日本对高效减水剂的发明，以及硅灰在混凝土中的应用，水泥混凝土的强度可以稳定地达到 100 MPa 以上，91 d 强度达到 145 MPa 的混凝土已经用于美国西雅图的第二联合广场大厦。目前的高强高性能混凝土的应用已成为一种比较成熟的技术。人们把高效减水剂和矿物掺合料称为混凝土中的第四、第五组分。为了提高混凝土技术和充分利用纳米材料的纳米效应，人们自然想到纳米粉体在混凝土中的应用。

20 世纪 80 年代初出现了新型的聚合物水泥基复合材料无宏观缺陷水泥硬化浆体（MDF），并由此产生了第一条水泥弹簧。MDF 是通过水溶性聚合物与水泥加上少量水经强烈搅拌后制得的，水泥硬化浆体的总孔隙率降至 1%左右。由于空间的限制，晶体无法长大，因而避免了断裂沿着较弱的界面或从解离面穿过，从而显著提高了抗折强度。其理论抗折强度可达到 150 MPa。

其他具有超高力学性能的水泥基复合材料有超细颗粒均匀分布致密体系 DSP，其抗压强度可达到 270 MPa。还有一种具有高延性的新型水泥基复合材料——活性微粒混凝土 RPC，其抗压强度可达到 200～800 MPa。

如果在这类材料中引入纳米颗粒，纳米矿粉不但可以填充水泥浆体间的微细孔隙，改善这类材料的堆积效果，还可以发挥纳米粒子的表面效应和小尺寸效应。因为当粒子的尺寸减小到纳米级时引起表面原子数的迅速增加，而且纳米粒子的比表面积和表面能都迅速增加，其化学活性和催化活性等与普通粒子相比发生了很大变化，导致纳米矿粉与水化产物大量键合并以纳米矿粉为晶核，在其颗粒表面形成水化硅酸钙凝胶相，把松散的水化硅凝胶变成以纳米矿粉为核心的网状结构，从而提高了水泥基复合材料的强度和其他力学性能。

（二）水泥改性中使用的纳米材料

1．纳米矿粉 SiO_2 改性水泥

随着纳米矿粉 SiO_2 的掺入，$Ca(OH)_2$ 更多地在纳米 SiO_2 表面形成键合，并生成 CSH 凝胶，起到了降低 $Ca(OH)_2$ 含量和细化 $Ca(OH)_2$ 晶体的作用。同时，CSH 凝胶以纳米 SiO_2 为核心形成刺猬状结构，纳米 SiO_2 起到 CSH 凝胶网络结点的作用。

2．纳米矿粉 $CaCO_3$ 改性水泥

随着纳米矿粉 $CaCO_3$ 的掺入，CSH 凝胶可在矿粉 $CaCO_3$ 表面形成键合，钙矾石也可在 $CaCO_3$ 表面生成，均可形成以纳米 $CaCO_3$ 为核心的刺猬结构。

3．纳米矿粉 Al_2O_3 或 Fe_2O_3 改性水泥

随着纳米矿粉 Al_2O_3 或 Fe_2O_3 的掺入，钙矾石可在纳米 Al_2O_3 或 Fe_2O_3 表面生成，$Ca(OH)_2$ 也可在纳米 Al_2O_3 或 Fe_2O_3 表面形成水化铝酸钙或水化铁酸钙等产物。

总之，这类纳米矿粉表面能高，表面缺陷多，易于与水泥石中的水化产物产生化学键合，CHS 凝胶可在纳米 SiO_2 和纳米 $CaCO_3$ 表面形成键合；钙矾石可在纳米 Al_2O_3、Fe_2O_3 和 $CaCO_3$ 表面生成；$Ca(OH)_2$ 更多地在纳米 SiO_2 表面形成键合，并生成 CSH 凝胶。更重要的是在水泥硬化浆体原有网络结构的基础上又建立了一个新的网络，它以纳米矿粉为网络的结点，键合更多纳米级的 CSH 凝胶，并键合成三维网络结构，可大大提高水泥硬化浆体的物理力学性能和耐久性。同时，纳米矿粉还能有效地填充大小为 10～100 nm 的微孔。由于这类纳米矿粉多数是晶态的，它们的掺入提高了水泥石中的晶胶比，可降低水泥石的徐变。为了降低成本，还需研制专用于该领域的纳米级 SiO_2、$CaCO_3$、

Al_2O_3 和 Fe_2O_3 等溶胶，并用此溶胶直接制备纳米复合水泥结构材料。

4. 纳米 ZrO_2 粉体改性水泥

在水泥中掺入适量的纳米 ZrO_2 粉体，其在水化过程中能够产生纳米诱导水化反应，从而形成发育良好的水化产物；同时，这些粉体还具有填隙和黏结作用，使水化物的结构密实，孔隙率减小，抗压强度和抗渗性得到提高。纳米 ZrO_2 粉体在复合水泥中的增强作用与其预烧温度有关。预烧温度高，增强作用明显；1200 ℃下预烧的纳米 ZrO_2 粉体存在多晶相和多形态晶体，当其掺加量为 3%时，能够显著改善水化产物的微观结构，提高水泥石密实度和抗压强度。

5. 碳纳米管改性水泥

碳纳米管是日本科学家在 1991 年发现的一种碳纳米晶体纤维材料，它被看作是由层状结构石墨片卷成的无缝空心管。碳纳米管作为一维纳米材料，质量小，六边形结构连接完美。碳纳米管具有许多异常但十分优异的力学、电磁学和化学性能。在力学方面，碳纳米管的强度和韧性极高，弹性模量也极高（$E=1\sim8$ TPa），与金刚石的模量几乎相同，为已知的最高材料模量，约为钢的 5 倍；其弹性应变可达 5%，最高 12%，约为钢的 60 倍，而密度只有钢的几分之一。碳纳米管无论是强度还是韧性，都远远优于任何纤维。将碳纳米管作为复合材料增强体，预计可表现出良好的强度、弹性、抗疲劳性及各向同性。目前，碳纳米管已广泛用于增强聚合物、金属和陶瓷。

由于碳纤维和碳纳米管在水泥砂浆中均能起桥连作用，因此碳纤维和碳纳米管均能提高水泥砂浆的抗折强度。由于碳纳米管的掺入显著降低砂浆的孔隙率，改善砂浆的孔隙结构，并且碳纳米管与水泥石黏结紧密，因此碳纳米管的掺入能显著提高水泥砂浆的抗压强度和抗折强度。碳纤维的掺入显著增加了水泥砂浆的孔隙率和大孔的含量，由于碳纤维和水泥石界面疏松多孔，碳纤维的掺入显著降低了水泥砂浆的抗压强度。

6. 纳米黏土地改性水泥

纳米黏土材料主要成分为 SiO_2 和 Al_2O_3，晶片平均厚度在 20～50 nm 之间，晶片平均直径在 300～500 nm 之间，比表面积为 32 m^2/g。当在水泥混凝土中掺入占水泥质量 0.75%的该纳米黏土材料后，在相同流动度条件下，可减少水泥净浆和混凝土用水量 10%左右。在混凝土中掺入该纳米黏土材料后，可提高混凝土 3 d、7 d、28 d 抗压强度的 20%、15%、10%，并可改善混凝土抗冻性能。

由于该纳米黏土材料的减水、填充和晶核作用，加快了水泥水化速度和提高了水泥水化程度，明显改善了水泥石的孔结构和密实性，从而使水泥混凝土抗压强度和耐久性得到了提高。

二、纳米 SiO_2 改性水泥的研究

（一）纳米 SiO_2 改性水泥的发展现状

在普通硅酸盐水泥硬化浆体中，氢氧化钙晶体随着硅酸三钙和硅酸二钙的水化而产生并结晶出来。在 1 d、7 d、28 d 和 360 d 龄期经推算分别有 3%～6%、9%～12%、14%～17%和 17%～25%的氢氧化钙存在。氢氧化钙赋予水泥硬化浆体碱性（pH 在 12～13）提高了水泥混凝土在空气中的抗碳化能力，并能有效地保护钢筋免受锈蚀。它使以黏性体水化硅酸钙凝胶为主的水泥硬化浆体中的弹性体（结晶体）比例增加，既提高了晶胶比，同时氢氧化钙还存在于水化硅酸钙凝胶层间并与之结合，从而使得水泥硬化浆体的强度有所提高。但其不利因素也很多，氢氧化钙使水泥混凝土的抗水性和抗化学腐蚀能力降低。它易在水泥硬化浆体和骨料界面处厚度约为 20 μm 的范围内以粗大的晶粒存在，并具有一定的取向性，从而降低了界面的黏结强度。为了制得高强混凝土，必须改善界面结构，以增加界面的黏结力。

关于混凝土的高效活性矿物掺料已有较多的研究成果，并已经应用于工程实际。活性矿物掺料中含有大量活性二氧化硅及活性氧化铝，在水泥水化中生成强度高、稳定性强的低碱性水化硅酸钙，改善了水化胶

凝物质。超细矿物掺料能填充于水泥颗粒之间，使水泥石致密，并能改善界面结构和性能。有研究表明，与掺入硅粉的水泥浆体相比，掺入纳米 SiO_2 的浆体具有流动性变小和凝结时间缩短的现象。掺入纳米 SiO_2 能显著地提高水泥硬化浆体的早期强度，能更有效、更迅速地吸收界面上富集的氢氧化钙，能更有效、更大幅度地降低界面氢氧化钙的取向程度。这些结果均有利于界面结构的改善和界面物理力学性能的提高。

有研究人员在配制高强混凝土时，在原有掺和料（矿渣和粉煤灰）的基础上，分别再掺入纳米 SiO_2 和硅粉，以比较掺入纳米 SiO_2 和掺入硅粉高强混凝土在性能上的差别。同时，研究了纳米 SiO_2 和硅粉与界面中氢氧化钙的反应程度，以比较两者在改善界面结构上的差异。掺入纳米 SiO_2 的目的是增加更细一级的掺合料数量，这无疑有助于混凝土界面在早期就得到改善。结果表明，掺入 1%～3%纳米 SiO_2，能显著提高、混凝土的抗折强度，提高混凝土早期抗压强度和劈裂、抗拉强度。掺入 3%纳米 SiO_2 的混凝土，与掺入 10%硅粉的混凝土相比，其抗折强度提高 4%～6%，而与不掺入硅粉的混凝土相比，其抗折强度提高 31%～57%。在相同掺加量为 3%的条件下，与硅粉比较，纳米 SiO_2 能更有效地吸收水泥硬化浆体/大理石界面中所富集的氢氧化钙，更有效地细化界面中的氢氧化钙晶粒，从而起到改善界面的积极作用。

另外，试验表明纳米 SiO_2 的水化反应速率明显比普通硅酸盐水泥要快。这是由于纳米 SiO_2 所特有的“表面效应”——尺寸小，表面能高，位于表面的原子占相当大的比例。随着粒径减小，比表面积急剧增加，导致表面原子数量迅速增多，这些表面原子具有很高的活性，极不稳定，表现为反应速率更快。因此，在利用纳米 SiO_2 配制水泥时，应注意其对凝结时间的影响，可以通过掺加调节凝结时间的外加剂来调整。

（二）低温稻壳灰制 SiO_2 改性水泥的性能

稻壳含有约含 20%无定形的 SiO_2（蛋白石或硅胶），这是一种有价值的矿物。自然界中的 SiO_2 大多数呈结晶状态存在，无定形 SiO_2 很少。水稻将土壤中稀薄的无定形 SiO_2，如蛋白石 $SiO_2 \cdot nH_2O$ 等，通过生物矿化的方式富集在稻壳中，等于为人类提取了大量非晶态的 SiO_2。稻壳通过生物矿化方式富集的非晶态 SiO_2，以纳米颗粒的形态存在。在大于 600 ℃下将稻壳进行控制焚烧，所得的低温稻壳灰 90% 以上为 SiO_2，并且这种 SiO_2 保持在稻壳中的存在状态不变——SiO_2 为无定形状态，以约 50 nm 大小的颗粒为基本粒子，松散黏聚并形成大量纳米尺度空隙。这种具有纳米结构的生物 SiO_2，可以廉价制得，它的比表面积巨大，具有超高的火山灰活性，对水泥混凝土具有强烈的增强改性作用，是一种顶级混凝土矿物掺合料。水泥混凝土行业所需的矿物掺合料数量巨大。从物料平衡的角度来看，在控制条件下焚烧稻壳（控制条件是为了保证稻壳灰有较高的火山灰活性和燃烧过程不产生污染），将得到的低温稻壳灰用于水泥混凝土行业十分合适。

低温稻壳灰内部的薄板、薄片均由许多细微的米粒状颗粒聚集而成，颗粒之间存在大量的空隙。采用 TEM 对低温稻壳灰的显微结构进行研究，发现低温稻壳灰粉末大部分为尺寸在 1 μm 以上的块状颗粒，同时还发现有大量堆聚在一起的极细小的饭粒状粒子，这些粒子的大小在 50 nm 左右，而且低温稻壳灰的块状颗粒由饭粒状粒子松散黏聚而成。饭粒状粒子是构成低温稻壳灰的基本粒子，由于它的颗粒大小在纳米材料的尺度范畴（0.1～100 nm），称为纳米 SiO_2 凝胶粒子。凝胶粒子粒度如此之小（约 50 nm），以致其表面原子数占总原子数的比例较高。这对低温稻壳灰的化学活性非常有利。

在固定水灰比时，低温稻壳灰对高强和超高强混凝土有较强的增强作用。这种增强效果介于粉尘状硅灰和造粒硅灰之间，远胜于其他掺和料。

三、纳米 ZrO_2 改性水泥

目前，纳米 ZrO_2 粉体主要应用在高性能陶瓷中。由于该粉体具有纳米颗粒效应和相变特性，故可使陶瓷的致密度提高和微裂纹扩展受

阻，力学强度显著增强，断裂韧性上升 124.5%。运用这个原理，20 世纪 80 年代末，英国布拉福大学有个研究小组曾将用凝胶沉淀法制成的纳米 ZrO_2 粉体掺入到水泥基材料中，使水泥石断裂韧性提高 4 倍，断裂强度上升到 44 MPa。虽然纳米 ZrO_2 粉体在水化过程中不能形成水化物，但它具有的纳米特性能够明显改善水泥石的微观结构。上述这些研究是期望能够利用纳米科学技术来探求更高性能（如高耐久性、高强等）的胶凝材料和掺入超细粉体材料的高性能混凝土。尽管纳米 ZrO_2 粉体价格较贵，但是如果由此能够获取高价值的产品和使纳米材料应用于传统建筑材料产业，提高建筑材料产品的高科技含量，那么这样做显然是“物有所值”。

（一）试样制备与测试

采用低温强碱合成法制备纳米 ZrO_2 粉体，按化学反应式计算氢氧化钠和氯氧化钠所需的质量，为了保证反应充分进行，氢氧化钠略过量，用浓硝酸处理反应沉淀物，并严格控制 pH，抽真空过滤沉淀物并洗净、烘干（60 ℃）。把沉淀物放在不同温度下预烧，即获得 3 种晶型的纳米 ZrO_2 粉体。

水泥采用广西华宏水泥股份有限公司生产的强度等级为 42.5 的普通水泥。纳米 ZrO_2 粉体用水充分搅拌分散后加入水泥中，水灰比（质量比）为 0.25，采用小试体（2 cm×2cm）＜2 cm 净浆成型，按国标《水泥胶砂强度检验方法（ISOI 法）》要求养护和破型，测定抗压强度。用密度法和砂浆法分别测定试样的气孔率和抗渗性。

（二）纳米 ZrO_2 粉体特征

纳米 ZrO_2 粉体的 TEM 测定结果显示，尽管在室温下有晶核形成，但该粉体还是以无定形形式存在的，且大部分颗粒形状不规则。随着预烧温度升高，粉末颗粒粒径增大，颗粒生长趋于完整，500 ℃预烧的颗粒形态以方形为主，1200 ℃预烧的颗粒形态以圆形为主。500 ℃下预烧的纳米 ZrO_2 粉体粒径最小的为 2 nm，最大的为 67 nm，平均 21 nm；1200 ℃下预烧的纳米 ZrO_2 粉体粒径最小的为 3 nm，最大的为 83 nm，平均 24 nm。当纳米 ZrO_2 粉体掺加量≤4%时，复合水泥抗压强度（无论是早期还是后期）基本比纯水泥抗压强度有所提高；1200 ℃预烧的 ZrO_2 粉体在适当掺加量下是较为理想的水泥增强剂，掺入后可使早期抗压强度最大增加到 37.2 MPa（3%ZrO_2），后期抗压强度最大增加到 73.9 MPa（5%ZrO_2）。

通过对纯水泥试样和掺入 2%并于 1200 ℃预烧的纳米 ZrO_2 粉体复合水泥试样水化 3 d 的 SEM 图分析比较可知，加入 2%的纳米 ZrO_2 粉体，其水化物晶体生长很完整，数量较多，针状和条状的纤维非常“茂盛”，并且联结成网络层。形成这样完整的水化物体系，原因正是由于纳米 ZrO_2 粉体的表面作用产生了效应。由于其颗粒尺寸细小，表面原子数增多而颗粒原子数减少，引起原子配位不足，使表面原子具有很高的活性，很容易诱导水泥颗粒中的 Ca^{+}，Si^{4+}、Al^{3+}、Fe^{3+} 等离子与水化合而形成较多的水化物，这就是纳米诱导水化效应。

从以上初步探讨中可以看到，纳米 ZrO_2 粉体对水泥材料具有增强作用，相应的纳米 ZrO_2 粉体复合水泥具有很大的发展潜力，而更多的研究工作还有待进一步深入进行。

四、碳纳米管改性水泥

低含量的碳纳米管水泥复合材料具有良好的抗压强度和抗折强度。用扫描电镜对碳纳米管水泥复合材料以及碳纤维改性水泥复合材料的微观结构进行分析，结果表明，复合材料中碳纳米管表面被水泥水化物包裹，同时碳纳米管水泥砂浆的结构密实。碳纤维表面光滑，在碳纤维与水泥石之间存在明显裂缝。孔隙率测试结果表明，碳纳米管的掺入改善了材料的孔结构。

原料：古榕牌 52.5 级普通硅酸盐水泥；沥青基碳纤维，长度为 6 mm；用深圳纳米港公司提供的多壁碳纳米管；甲基纤维素为市售的化学纯试剂，其掺加量为水泥质量的 0.4%；化学纯试剂，市售的消泡剂掺加量为水泥质量的 0.2%；外加剂选用天津产 UNF5 高效减水剂，其减水率为 21.0%；砂为新标准砂。

碳纤维水泥砂浆的制备工艺：先将甲基纤维素溶于水，然后加入短切碳纤维搅拌 2 min，使之分散均匀。水泥、砂先慢速搅拌 1 min，再加入搅拌均匀的碳纤维混合水溶液、消泡剂，再快速搅拌 5 min。

碳纳米管砂浆的制备工艺：水泥、碳纳米管快速搅拌 5 min，加入砂快速搅拌 2 min，再加入消泡剂快速搅拌 3 min。

当水灰比相同时，将掺入碳纳米管和碳纤维水泥砂浆的力学性能相比较可知，同种水胶比条件下，掺入碳纳米管 0.5%（质量分数，下同）的水泥砂浆的抗压强度和抗折强度比空白水泥砂浆分别提高了 11.6%和 20.0%，掺碳纤维 0.5%的砂浆的抗折强度也显著提高，与空白水泥砂浆相比提高了 21.7%，但抗压强度与空白砂浆相比降低了 9.1%。

由于羧酸化的碳纳米管能与水泥水化物反应，使得碳纳米管与水泥石界面的作用力主要是化学作用力，此界面性能较好，碳纳米管表面覆盖着一层水泥水化物。碳纤维与水泥水化物之间的作用力主要是范德华力，因此界面性能较差。对于复合材料而言，界面性能对材料的性能特别是力学性能起决定作用，因此碳纳米管能改善水泥砂浆的力学性能（包括抗压强度和抗折强度）。其次孔隙率和孔结构也影响材料的性能，孔隙率越大，大孔径孔越多，材料的性能尤其是抗压性能越差。碳纳米管水泥复合材料的孔隙率和大孔径孔的含量较低，因而其抗压性能好；而碳纤维水泥复合材料的孔隙率和大孔径的含量较多，因此其抗压强度低。

五、纳米 TiO_2 改性吸波水泥

自 20 世纪 50 年代以来，吸波材料在军事上起到了非常重要的作用。在民用方面（如微波暗室、电子器件、计算机中心和电视广播等）吸波材料也有广泛用途。在军事领域，由于隐身技术的快速发展，吸波材料的研究与开发已成为当今材料学科研究的热点之一。目前，有关吸波材料的研究基本上都集中在运动军事目标方面，即用吸波材料制成的

涂料涂覆在运动目标的表层以达到干扰雷达探测的目的，而有关非运动目标（如军事掩体、机场、雷达站、大型建筑物等）吸波材料的研究却很少报道，国外仅有研究碳纤维、钢纤维之类的屏蔽材料用于水泥和混凝土中，其屏蔽的电磁波频率几乎都在几十赫兹到1～2 GHz内。研究的吸波材料主要有铁氧体吸波剂、陶瓷吸波剂、纤维类吸波剂及炭黑、石墨等吸波剂，有关纳米吸波材料的研究却鲜见报道。通过试验探讨在8～18 GHz频率范围内把普通吸波材料与纳米吸波材料加入水泥中制成水泥基复合材料的吸波性能，以及纳米吸波材料的用量、制备工艺和材料厚度对水泥基复合材料吸波性能的影响。

（一）原料和方法

原料：42.5级普通硅酸盐水泥、羰基铁粉、氧化镍、纳米TiO_2分散剂和水。

为使吸波材料能均匀分散在水泥中，将羰基铁粉和氧化镍粉体与一定计量的水泥一起球磨，然后将该混合料与水混合成型。用超声波分散法制备纳米TiO_2吸波材料的悬浮液，再将其与水泥混合制得水泥基复合吸波材料。

（二）试样制备

试验用的水灰比（质量比，下同）为0.34，把掺有吸波材料的混合料搅拌3 min，然后倒入截面为180 mm×180 mm、厚度分别为10 mm和15 mm的钢模中制样，填满模具后置于振动台上振动1 min，然后刮平试样表面，再把试样与钢模一起放置养护室内（室内温度约为20 ℃）养护24 h，拆模后把试样置于养护室养护28 d，取出试样进行反射性能测试。

用反射弓测试法测定其吸波性能，测量频率范围为8～18 GHz，测试单位为北京航空材料研究院。

（三）纳米TiO_2分散方式对水泥基复合材料吸波性能的影响

纳米TiO_2吸波材料在水泥中的分散均匀性及其纳米效应直接影响到复合材料的吸波性能。试验测定了纳米TiO_2吸波材料分别采用超声波分散、与水泥干混及与水泥混磨所制得试样的反射率。

(四) 纳米黏土改性水泥

纳米材料在水泥混凝土中的应用前景也十分广泛。国内有学者研究了纳米 SiO_2 对水泥基材料的影响，但未见用纳米黏土材料作为外加剂的研究。仲晓林等用纳米黏土材料作为外加剂掺入到水泥混凝土中，研究纳米材料对水泥净浆流动性、混凝土力学、抗渗和抗冻等性能的影响。研究结果表明以下几方面结论。

(1) 在相同水胶比（W/B）时，用纳米材料等量取代水泥，水泥净浆流动度开始时随着纳米材料掺加量的增加而增大，当纳米材料掺加量超过 0.75%时，流动度随纳米材料掺加量的增加而下降；而在纳米材料掺加量超过 3.0%时，水泥净浆流动度低于空白样。因此，对于水泥净浆流动度来说，该纳米材料存在一个最佳掺加量，即当掺加量为 0.75%时，水泥净浆流动度最大（168 mm）。

(2) 当纳米材料的掺加量较小时（0.5%和 0.75%），水泥净浆的水胶比（W/B）较小（0.49 和 0.46）；纳米材料掺加量大于 0.75%时，水泥净浆的水胶比（W/B）随着纳米材料掺加量的增加逐渐增加；当纳米材料掺加量为 3.0%时，水泥净浆的水胶比（W/B）与空白样相近。

(3) 混凝土中掺入 0.75%的纳米材料后混凝土的密实性提高，使得混凝土微孔隙含量大大下降，掺 0.75%纳米材料混凝土的抗渗能力明显好于空白样。

(4) 混凝土中掺入 0.75%的纳米材料，经 25 次冻融循环后混凝土的强度损失率为 3.2%，质量损失率为 2.1%，而空白样强度损失率为 8.6%，质量损失率为 6.8%，说明掺入 0.75%的纳米材料可以明显地改善混凝土的抗冻性能。

(五) 纳米纤维——微粉复合水泥

在自然界和工业中存在大量颗粒堆积现象。颗粒堆积的密实度和空隙率对水泥、陶瓷等材料的性能有重要影响。作为颗粒堆积物的一种，水泥基材料硬化后的浆体是多相、不均匀的分散体系，是由水泥、掺合料、集料及水组成的。因而，颗粒堆积物的密实程度，形成空隙的大小、多少便决定了该种堆积方式下材料的性能。所以可以依据微粒级配模型（grain grading mathematical model）、设计纳米纤维（nanofiber，NR 粉）及微粉（硅灰、粉煤灰）复合水泥基材料，研究不同密度下的材料性能。水泥基材料内部包含一级界面和二级界面。通过对高性能混凝土的研究，发现在其受力破坏后，断裂面往往穿过集料，因而水泥基材料中二级界面的影响不容忽视。

依据二级界面（secondary inter face）理论，研究纳米纤维——微粉复合水泥基材料的二级界面显微结构。人们将纳米纤维矿物材料及微粉矿物材料应用于水泥基材料中，依据微粒级配模型，设计密实度不同的水泥砂浆，分别为球形颗粒堆积体系和纳米纤维增强堆积两种，依据二级界面理论研究两种体系的性能及界面显微结构。研究表明，纳米纤维矿物材料能够改善体系的颗粒级配，增加体系密实度，能够改善界面及硬化浆体内部的显微结构，提高水泥基材料的均匀性，大幅度提高其耐磨硬度和抗弯强度。

采用 NR 粉纳米纤维矿物材料能够进一步改善复合微粒水泥基材料的颗粒级配，增加体系密实度和均匀性，减少体系内部的应力集中现象。改善颗粒级配，增加体系密实度，能够改善砂与硬化浆体之间界面处及硬化浆体内部的显微结构，提高水泥基材料的均匀性。改善颗粒级配，增加体系密实度，可大幅度提高纳米材料纤维及微粉复合水泥基材料的耐磨硬度及高纳米纤维及微粉复合水泥基材料的耐磨硬度及抗弯性能，并由微粒级配模型计算得出的体系密实度可预知耐磨硬度及抗弯强度的优劣。提出了纳米纤维及微粉复合水泥基材料的球形颗粒之间及球形颗粒与纳米纤维之间界面结构的理想模型。

六、纳米水泥的发展展望

虽然纳米矿粉的掺加量一般为水泥质量的1%～3%时就有明显的效果，

但由于加工纳米矿粉的成本很高，例如，纳米$CaCO_3$约为5元/千克，纳米SiO_2约为60元/千克，这在一定程度上限制了纳米矿粉在水泥材料中的使用（即使是制备高性能的制品）。这就需要探索研制纳米级SiO_2、$CaCO_3$、Al_2O_3和Fe_2O_3等溶胶的方法，并由拌和水带入此溶胶直接制备纳米复合水泥结构材料。随着纳米技术的突飞猛进，相信其加工成本将大幅度降低，纳米矿粉将成为超高性能混凝土的重要组成部分。纳米矿粉必须充分均匀地分散到水泥浆或混凝土拌和物中，才能有效地发挥纳米粉的潜在能力，但要做到均匀地分散是比较困难的。较有效的方法是在高速混样器中进行干混或制成溶胶由和水带入，直接制备纳米复合水泥结构材料。

21世纪，我国还要兴建大量的水利、高速公路、各类建筑物等工程，这些工程均离不开混凝土，要想建筑物使用安全并延长其使用寿命，必须研制高性能的水泥混凝土材料。如果需要，在技术上可使混凝土强度达到400 MPa，将能建造出高度为600～900 m的超高层建筑，以及跨度达500～600 m的桥梁。未来对混凝土的需求必然大大超过今天的规模。采用纳米技术改善水泥硬化浆体的结构，可望在纳米矿粉—超细矿粉—高效减水剂—水溶性聚合物—水泥系统中，制得性能优异的、高性能的水泥硬化浆体—纳米复合水泥结构材料，并广泛应用于高性能或超高性能的水泥基涂料、砂浆和混凝土材料。在不远的将来，继超细矿粉之后，纳米矿粉将有可能成为超高性能混凝土材料的又一重要组分。

第二节　纳米改性防水隔热材料

一、纳米改性防水材料

现代化建筑对防水和密封技术提出了越来越高的要求，纳米防水技术的发展将为之提供重要的技术保障。同时，以新材料、新技术为先导，发展绿色防水材料，保护环境、保护生态，是世界建筑防水材料发展的趋势，也是我国防水材料发展的趋势。

（一）纳米膨润土改性防水材料

用膨润土防水的优点有：良好的自保水性、能永久发挥其防水能力、施工简单、工期短、对人体无害、容易检测和确认以及容易维修和补修、补强。

纳米膨润土防水产品主要有：膨润土防水毯、防水板、密封剂、密封条等。纳米防水毯是将钠膨润土填充在聚丙烯织物和无纺布之间，将上层的非织物纤维通过针压的方法将膨润土夹在下层的织物上而制成的。膨润土防水板是将钠膨润土和土工布（HDPE）压缩成型而制成的，具有双重防水性能，施工简便，应用范围更广泛。膨润土改性丙烯酸喷膜防水材料，有更好的保水性和较大的对环境相对湿度的适应范围。蒙脱土纳米复合防水涂料的力学性能很好。

（二）纳米聚氨酯防水涂料

纳米聚氨酯防水涂料有良好的悬浮性、触变性、抗老化性及较高的黏结强度。主要品种有纳米聚氨酯防水涂料、纳米沥青聚氨酯防水涂料、双组分纳米聚醚型聚氨酯防水涂料、羟丁型聚氨酯防水涂料等。

（三）纳米粉煤灰改性防水涂料

由于粉煤灰的价格低，因此纳米粉煤灰改性防水涂料的附加值较高，有明显的价格优势。

用粉煤灰、漂珠、废聚苯乙烯泡沫塑料等废弃物和高科技产品纳米材料配合使用，优势互补，可实现防水涂料高性能、低成本的生产运作，并可形成既有共性、又各有特点的系列产品。为粉煤灰、漂珠高附加值的开发利用开辟了新的道路。

（四）水泥基纳米防水复合材料

水泥混凝土外加剂是一种细化的纳米材料，它的诞生使混凝土有了质的飞跃。纳米外加剂在防水领域中的应用有喷射混凝土领域、灌注浆领域、动水堵漏、核电站的三废处置等。

（五）纳米粒子改性水乳胶

纳米 ZnO 粒子、纳米 TiO_2 粒子具有较强的屏蔽紫外线的功能，应用于乳胶中，覆盖引起防水涂料老化的320～340 nm范围波长的紫外线，能较好地提高防水涂料的光老化性能。

(六) 三元乙丙橡胶 (EPDM) 基防水材料

以纳米$CaCO_3$等为配合剂，通过调整配方，能得到物理力学性能稳定、老化性能优异的EPDM橡胶基防水材料。随着纳米$CaCO_3$添加量的增加，拉伸强度逐步上升，断裂伸长率基本保持稳定。

(七) 其他防水材料

纳米改性防水材料可以用于多种不同用途的防水材料，从而提升传统防水材料的综合性能，如普通型防水涂料、高弹性防水涂料、保温隔热防水涂料、彩色防水涂料、反光型降温防水涂料等。

二、纳米改性隔热保温材料

根据纳米孔绝热保温原理，一种好的隔热保温材料，首先要求材料本身的固有绝热性能好，其次必须充分利用热传递的基本原理，设计具有良好隔热性能的材料：通过研究不同尺寸和形状的增强剂及多孔结构对材料传热性能的影响，能够较大地提升传统隔热材料的性能。例如，利用有机高分子材料固有的绝热性能，再利用纳米孔成型技术将其制成纳米泡沫材料，必将大大提高原有绝热保温材料的绝热保温性能，这将成为今后研制新型高效绝热保温材料的新思路、新方法。

(一) 纳米隔热涂料

在制作隔热膜时一般采用高纯氧化锡钢（ITO）纳米复合粉末制成ITO靶材，然后在基体上成膜。ITO粉体具有优良的光电性能，在红外区的反射率可达80%。若能用ITO粉体制成透明隔热涂料，用于玻璃等基材，将有良好的市场前景和推广价值。

(二) 聚酰亚胺泡沫绝热保温材料

聚酰亚胺泡沫材料是聚酰亚胺树脂经发泡而成的泡沫材料。聚酰亚胺泡沫绝热保温材料与其他同类材料相比具有以下特点：良好的绝热保温效果；良好的阻燃性、抗明火、不发烟、不产生有害气体；密度小；具有柔性和回弹性；易于安装、维护；耐高、低温；环境友好，不含卤素和消耗臭氧物质。

美国船用绝热保温材料已基本由纤维材料改用聚酰亚胺泡沫材料，美国等西方发达国家，无论是在水面舰艇还是在潜艇上，都已广泛采用聚酰亚胺泡沫绝热保温材料。

（三）硅质纳米孔超级绝热保温材料

纳米孔绝热保温材料和真空绝热保温材料被公认为两种超级绝热材料。美国等国家对硅质纳米孔绝热材料的制备工艺进行了改进，避开高温、高压的超临界制作工艺，采用常压复合工艺获得成功，使硅质纳米孔绝热保温材料走出航空、航天领域，应用到包括船舶在内的其他工业领域。国内目前采用的 A260 级陶瓷棉耐火分隔材料，厚度达 40 mm，密度为 70 kg/m^3。若采用硅质纳米孔绝热保温材料，厚度将减至 12 mm，而单位面积质量也由 6.8 kg/m^2 降至 2.88 kg/m^2。

（四）聚合物互穿网络酚醛型绝热保温材料

聚合物互穿网络酚醛型绝热保温材料韧性好、耐温高、综合性能好，能满足船体对材料的要求，它必将在船舶绝热保温方面得到推广应用。从纳米孔绝热保温原理来看，倘若利用有机高分子材料固有的绝热性能，再利用纳米孔成型技术将其制成纳米孔泡沫材料，必将大大提高原有绝热保温材料的绝热保温性能，这是今后研制新型高效率船舶绝热保温材料的新思路、新方法。

另外，还有诸如多孔纳米保温隔热材料、空心微珠改性复合隔热材料、低辐射保温玻璃、纤维型纳米隔热材料等。

第三节　纳米改性装饰材料

一、纳米改性玻璃

（一）纳米改性普通玻璃

微晶玻璃的制备方法很多。最早的微晶玻璃是用熔融法制备的，此种方法可沿用任何一种玻璃的形成方法，如压延、压制、吹制、拉制、浇铸等。此外，溶胶一凝胶法、强韧化技术、烧结法等工艺都是当今微晶玻璃制备方法的研究热点。

传统的熔融法制备微晶玻璃存在一定的局限性，如玻璃熔制温度有限，热处理时间长，而烧结法则能克服这些缺点：烧结法制备微晶玻璃不需要经过玻璃形成阶段，对于结晶困难的成分，利用粉体的表面晶化倾向，通过烧结工艺可显著提高制品的晶化程度。因此，烧结法适用于极高温熔制的玻璃，以及难以形成玻璃的微晶玻璃的制备，如高温微晶陶瓷。

用该法制备的微晶玻璃中可存在含量较高的莫来石、尖晶石等耐高温晶相。此外，烧结法制得的玻璃经过水处理后，颗粒细小，比表面积增加，易于晶化，可以不使用晶核剂。因此这种方法为微晶玻璃新材料的制备开发了新天地，它对异型、复杂形状的产品制造尤其适用。用烧结法制备的硅灰石型建筑材料已商品化。烧结法制备的微晶玻璃集中在 $Li_2O—Al_2O_3—SiO_2$、$MgO—Al_2O_3—SiO_2$ 等系统，如主晶相为硅灰石的微晶玻璃装饰材料。利用烧结法生产的 $CaO—Al_2O_3—SiO_2$ 系统微晶玻璃受到广大微晶玻璃工作者的青睐，并广泛用于建筑装饰材料。

烧结法制备微晶玻璃的工艺为：原料准备→配合料混合→入窑熔化→出窑后进入水装置→水料研磨→料烘干脱水→排料成型→烧结和晶化处理→弯曲成型→冷加工。

在选择原料时，首先要考虑它的纯度。对微晶玻璃来说，则应选择纯度较高的原料，因为有些类型的杂质，即使是少量，也能影响玻璃的晶化特性。如铅硅玻璃的加入，明显促进堇青石微晶玻璃粉体烧结致密化，烧结样品的介电常数也会增加。

微晶玻璃材料的性能取决于主晶相的类型以及结晶相的微观结构。硅灰石是典型的链状结构，具有较强的强度和耐磨性以及较好的耐侵蚀性。

原料经过充分混合后，投入保持在熔化温度的熔窑中，根据玻璃的组成，熔化温度可以在 1250～1600 ℃范围内。玻璃熔窑的高温应该能保证剧烈的化学反应的进行。碱金属碳酸盐和二氧化硅反应放出二氧化碳，碱土金属碳酸盐进行分解，其氧化物和含硅的熔体化合形成硅酸盐。由于气体的逸出，熔体产生强烈的搅动，有利于玻璃熔体的均化。最后是澄清过程，也就是把气泡从熔体中排出去。澄清后的玻璃冷却到成型温度，它可能比熔制温度低几百摄氏度。此外，要使玻璃尽可能达到一个均匀的温度，以使它具有均匀一致的黏度。

将玻璃引入流动的水中冷却成 1～7 mm 大小的颗粒，烘干筛分后以一定级配装在耐火材料模框内送进隧道窑进行热处理。

玻璃颗粒装入模框后，放入高温炉，以 300 ℃/h 的升温速率从室温升至 850～950 ℃。保温 2 h，以形成生长微晶的晶核，然后升温到 1080～1130 ℃，保温一定时间，使表面摊平并晶化。热处理后的样品随炉自然冷却至室温，然后脱模，表面研磨 1 mm 以上。

烧结法对异型、复杂形状的微晶玻璃产品的制造尤其适用。制备的微晶玻璃集中了多种优良性能，如力学强度高、耐磨、耐腐蚀、抗氧化性好、电学性质优良、热膨胀系数可调、热稳定性好等，不仅适用于代替传统材料以获得更好的经济效益和改善工作条件，而且在机械工业、电子电力工业、建筑装饰、航空、生物医学、化学工业、核工业等许多领域中都得到了广泛的应用。

（二）纳米改性半导体微晶玻璃

1. 纳米改性半导体玻璃的研发进展

非线性光学玻璃是一类具有很高应用价值的功能材料。当激光照射到某些介质上（如某些无机晶体），可观察到出射光的相位、频率、振幅或其他一些传播特性均已改变，且这种变化的程度与入射光强度相关，这就是非线性光学（NLO）现象。对非线性光学现象、非线性光学器件、非线性光学理论的研究以及对非线性光学材料的研制，在理论和应用上都有十分重要的意义。因此，各种非线性光学材料的研制已成为跨世纪的前沿研究领域，在以光子代替电子进行信息处理、集成、通信等方面起着重要作用，在光调制器、全光开关、光子记录等方面的实用化具有广阔的前景。非线性光学材料有多种，包括无机晶体、有机晶体、液晶、半导体颗粒簇、有机金属配合物、聚合物、有机及无机复合物及多层材料等。早期 NLO 材料以无机晶体为主，如 $LiNbO_3$、$LiTiO_3$ 等。但由于高质量的单晶难以培养和生长，价格昂贵，不易植入电子设备中，无法满足迅速发展的光通信、光信号处理所需的高容量、高速度、高频宽以及多功能、易加工等一系列性质要求，因此在实际应用中受到极大的限制。

2. 纳米改性半导体玻璃的制备方法

纳米微晶掺杂的半导体非线性光学玻璃的制备方法有分子束外延技术（MBE）、射频磁控溅射技术、溶胶—凝胶法、微乳液法、水热合成法、溶剂蒸发法、沉淀法等。这些制备方法各有其独特优异之处，但大多数方法都存在着工艺复杂、条件苛刻、成本过高等因素，而溶胶一凝胶法因其试验手段为低温合成，所得产品纯度高，均匀性好，在制备非线性光学玻璃上的应用前景较好。

3. 纳米微晶玻璃的表征方法

作为材料的微晶玻璃通常需对其特征温度、密度、显微硬度、红外透过性能、化学稳定性能和力学性能等进行测试，以满足应用所需。差示扫描式量热法（DSC）是测定微晶玻璃特征温度的较常用的有效方法。将样品两面磨成平行面，并抛光成镜面，可用红外光谱（IR）测定其红外透射光谱。玻璃的显微硬度用显微硬度仪测定，通常每个样品测定 10 次以上，取平均值。热膨胀系数用卧式膨胀仪测定。微晶玻璃的化学稳定性主要是指玻璃耐各种化学试剂的能力，通常根据微晶玻璃的使用环境而模拟测定。力学性质是指玻璃的抗冲击、拉伸、切割和耐机械加工的能力，有关测试方法均已形成标准。

（三）纳米自洁净玻璃

近年来，随着建筑物不断高层化和广泛使用玻璃幕墙及环境污染源的增加，建筑物玻璃的清洁变成了十分耗时而又危险的工作。锐钛型 TiO_2 是一种白色、无毒、价廉的化学原料，当光照时，可氧化水和空气中的有机化学物质，具有抗菌能力。近年来，随着建筑材料行业的发展，一类表面结合 TiO_2 材料，在光照条件下，具有抗菌、分解油污和有害气体，具有表面自洁净功能的光催建筑材料也随之发展起来。

TiO_2 作为光催化剂可广泛用于环境改良、有机化合物改性、自洁净材料等方面。在 TiO_2 表面掺入金属（如 Pb、Pr、Cu、Au、Ag 等）研究是目前的一个热点。

将 TiO_2 与玻璃相结合，利用 TiO_2 光催化活性不仅能够保持原始玻璃的功能，而且因 TiO_2 的光催化作用，它几乎可以降解所有有机物质，在水或风力的作用下使污垢自动脱离。它还可以氧化去除大气中的氮氧化物和硫化物等有害气体，并且具有杀菌、除臭功能。光催化剂 TiO_2 是玻璃自洁净过程的关键物质，影响 TiO_2 薄膜的各种因素都会直接或间接地影响玻璃的自洁净功能。TiO_2 薄膜禁带比较宽（$EF=3.2$ eV），电子—空穴对极易复合，这使得纯 TiO_2 对光能的利用率不高，从而不利于光催化降解。可采用如下方法提高其光催化效率，如半导体掺杂、表面的螯合衍生、表面沉积贵重金属等。

自洁净玻璃自身有消除污染的功能，可免除高层建筑擦洗玻璃的麻烦，已成为国内外众多厂家竞相开发的产品。

目前，制备自洁净玻璃的方法主要是溶胶—凝胶法。

1. 纳米自洁净玻璃的制备工艺

（1）玻璃的清洗。玻璃基片在存放时，由于各种物理和化学作用，表面容易受到污染，如不清洗干净，就会影响 TiO_2 基薄膜涂层的质量和结合强度，使涂层易于剥离。因此，镀膜前需对其表面进行清洗。在试制过程中，选用中性合成洗涤剂、酸洗液和纯水为液体清洗介质，使用玻璃清洗干燥机进行洗涤，洗涤后的玻璃经蒸汽加热干燥备用。为防止人手油脂黏附在玻璃表面上造成二次污染，试制过程中均应戴手套操作。

（2）镀膜溶液。镀膜溶液由三部分组成，即成膜剂、溶剂和催化剂。按照试制前设计的 TiO_2 基薄膜溶胶的组成配方，在液体搅拌机内，先准确计量加入钛醇盐和乙醇，充分搅拌制备钛醇盐—乙醇溶液；再将准确计量的有机胺盐加入搅拌机内搅拌混合，以延缓钛醇盐的水解，防止局部 TiO_2 沉淀析出；最后加入符合设计配比要求并准确计量配制的乙醇—水溶液。对其进行 30～40 min 搅拌后，获得稳定、均匀、清澈透明的黄色溶液。将上述的溶胶输送入浸镀池内，使用移动式手工操作小型搅拌器对其进行5～10 min的搅拌并静置2～3 h，即可用于制备TiO_2基薄膜。

（3）镀膜的形成。将洁净的玻璃用液压装置以2～20 mm/min的速率，匀速由上而下垂直浸入浸镀池中，静置1～2 min后，再匀速垂直向上提拉基片；随着玻璃板不断向上运动，远离玻璃板的外层镀液，受重力作用，不断向下流回浸镀池；随玻璃基板向上的镀液层，由于聚合反应和溶剂的蒸发作用，黏度迅速增大，溶胶不断向凝胶转化，至提拉基片结束，得到一定厚度的TiO_2凝胶膜。

（4）镀膜的干燥。经过溶胶的胶凝过程而沉积到玻璃表面的凝胶膜，内部还含有溶剂，将其在大于等于80 ℃的环境中干燥20～30 min，使凝胶膜在玻璃表面附着牢固。

（5）镀膜的热处理。将彻底干燥后的凝胶膜基片装入小车，送入晶化热处理炉内进行热处理。热处理在自动控温的热风炉内进行，升温速率保持在7～10 ℃/min之间，保温温度在500～550 ℃的范围内，保温时间为1 h，降温冷却后得到TiO_2基薄膜自洁净玻璃。

2. 性能测试

（1）耐酸碱性。将待测样片分别放入2 mol/L H_2SO_4溶液、0.2 mol/L NaOH溶液中，室温下浸泡48 h后，目测膜层无变化，通过扫描电镜（SEM）观察，试样表面无脱落。表明薄膜具有良好的化学稳定性。

（2）膜层附着力。用利刃将100 mm×50 mm试样的膜层划成若干小格后，把透明胶带用手指压实在膜面上，沿几乎与膜面平行的方向牵引透明胶带一端，快速牵引，目测膜层无脱落。表明膜层附着力好。

（3）亲水性。将水分别滴在玻璃表面和TiO_2基薄膜表面上，目测水滴在玻璃上不能很好铺展，在TiO_2基薄膜表面上可自由铺展；用加热显微镜测得水在TiO_2基薄膜表面的润湿角小于5°（水与普通玻璃表面的润湿角约为45°）。表明表面膜层亲水性好。

（4）光催化性。将油脂分别涂在普通玻璃表面和TiO_2基薄膜表面上，在太阳光下放置 6 h，目测普通玻璃表面上的油脂大部分仍以液体存在，TiO_2 基薄膜表面上只有薄薄的一层斑痕。将甲基紫的乙醇溶液分别滴在普通玻璃表面和 TiO_2 基薄膜表面上，并在有甲基紫的地方滴 1 滴过氧化氢水溶液，在光照下目测 TiO_2 基薄膜表面上甲基紫褪色快。表明 TiO_2 基薄膜光催化活性高。

(5) 透光率。用紫外—可见分光光度计测量 TiO_2 基薄膜 200～800 nm 波长范围的透光率大于或等于 65%。

(6) 晶型。用 X 射线衍射分析测量 TiO_2 基薄膜的晶型为锐钛型。

(7) 膜厚。用扫描电镜（SEM）测量 TiO_2 基薄膜的厚度在 0.16～0.46 μm。

由 SEM 可知纳米自洁净玻璃的微观结构。TiO_2 涂层由均匀一致的 TiO_2 纳米颗粒组成，其颗粒大小为 50～100 nm，TiO_2 颗粒与颗粒之间存在大量纳米孔，其孔径一般为几纳米。

纳米 TiO_2 玻璃的自洁净机理为：薄膜表面含有化学吸附水，附在化学吸附水上的微量有机物经日光照射后可分解成 CO_2、H_2O 和无机物，这样玻璃表面的无机物很容易被雨水冲洗掉而使玻璃表面保持洁净。当然，薄膜表面含有的化学吸附水，会通过范德瓦耳斯力和氢键作用再吸附一层物理吸附水，这层物理吸附水可阻止污染物与玻璃表面接触，污物漂浮在水面上，很容易被雨水冲洗掉，从而使玻璃表面较长时间保持清洁并易于清洗。

(四) 红外反射玻璃

用纳米 SiO_2 和纳米 TiO_2 微粒制成的红外反射膜在 500～800 nm 波长有较好的透光性，这个波长范围恰恰位于可见光范围，并且在 750～800 nm 波长透射比可达 80%左右，但对波长为 1250～1800 nm 的红外线却具有极强的反射能力，因此这种薄膜材料在灯泡工业上有很好的应用前景。高压钠灯以及用于拍照、摄影的碘弧灯都要求照明，但其电能的 60%都转化为红外线。这表明有相当多的电能转化为热能被散失掉，仅有一小部分转化为光能来照明。而用这种纳米材料制成的薄膜涂于玻璃灯罩的内壁，不但可见光透射性能好且具有很强的红外反射能力，既提高了发光效率、增加了照明度，又解决了灯管因发热影响使用寿命的难题。

（五）紫外吸收玻璃

经研究发现 Al_2O_3 纳米粉体对 250 nm 以下的紫外线有很强的吸收能力。利用这一特性，在荧光灯管制备时把纳米 Al_2O_3 粉掺入稀土荧光粉中，不仅能吸收掉有害的紫外线，而且可不降低荧光粉的效率，这不仅能降低荧光灯管中紫外线泄漏对人体的危害，还能够消除短波紫外线对灯管寿命的影响。另外，采用有效手段，将这种纳米材料在玻璃基片上成膜，制备新型的纳米复合防紫外线减反射镀膜玻璃，能有效地隔离紫外线，减少紫外线对人体的侵害，也可广泛地用于大面积显示器、计算机保护屏，从而抑制反射和防眩光，降低使用者的视觉疲劳。

（六）节能玻璃

采用常压热 CVD 法以 Si_2H_4 和 C_2H_4 为原料气体制得的硅及碳化硅纳米复合膜，由大量 5 nm 大小的硅晶粒和少量的碳化硅晶粒组成，晶态含量在 50%左右，其中纳米硅晶粒含量为 90%。由于薄膜呈较好的纳米镶嵌结构，具有较高的可见光吸收系数和合适的可见光反射比的特点，可把这种新型的硅及碳化硅纳米复合膜沉积到浮法玻璃基板上，利用锡槽提供连续新鲜的玻璃表面及 N_2 和 H_2 的保护条件，开发出新型的节能镀膜玻璃，实现纳米复合薄膜的产业化。

（七）纳米改性透明有机玻璃

有机玻璃（聚甲基丙烯酸甲酯，PMMA）的最大优点是透明性好、耐光、耐候、强度高，因此被广泛应用于制标牌、透明隔墙、安全玻璃、灯具等，它更是航空航天工业中应用最广的透明材料。但其耐热性不够好，使用温度低，耐热温度仅为 110 ℃，质脆，抗冲击性能也仍待提高。目前，已经有很多种化学、物理方法来改性有机玻璃，这些方法在很大程度上弥补了有机玻璃的某个缺陷，但不可避免地影响了其透明性。纳米技术为改性有机玻璃提供了新方法。利用聚甲基丙烯酸甲酯本体原位复合技术，添加新型助剂，在确保有机玻璃透明性不下降或只有极少下降的前提下，使其综合性能有明显提高。

PMMA 又称有机玻璃，是透明性最好的聚合物材料之一，具有优良的耐候性、电绝缘性和极好的装饰效果。与无机玻璃相比，有机玻璃重量轻，加工适应性好，容易做成各种形状和色彩的透明制品，但有机玻璃的硬度低，不耐刮擦，在使用过程中表面极易被擦伤，造成表面起雾，使材料的透明度下降，装饰效果劣化。与抗冲击性能好的透明聚合物材料聚碳酸酯（PC）相比，PMMA 的价格低，有成本优势，但冲击强度低，故在许多方面的应用受到限制。为了提高 PMMA 的韧性，可以采用各种增韧的方法，如采用交联单体的共聚及外加增塑剂、聚合物核—壳结构粒子的共混、超微细 Al_2O_3 的增韧以及互穿网络等。近年来有很多有关纳米粒子增强、增韧聚合物的研究报道。学者黄承亚（2002）等用不同聚合方法合成聚丙烯酸丁酯（PBA）增韧有机玻璃，研究了 PBA 增韧 PMMA 的力学性能和断面形貌，探讨了用 PBA 纳米粒子簇增韧透明 PMMA 的新方法和增韧机理。

（八）纳米聚丙烯酸丁酯改性有机玻璃

利用聚丙烯酸丁酯（PBA）纳米粒子簇增韧 PMMA，能够在提高 PMMA 韧性的同时保持其透光性，含有 0.5%（质量分数）e-PBA 的 PMMA，拉伸强度保持率可达到 95%，冲击强度可提高 38%。b-PBA 以纳米粒子簇形式分散在 PMMA 基体中，在受到外力作用时，簇状的橡胶粒子会产生较大变形，生成大量的以 PBA 粒子为中心呈辐射状的微裂纹；试样的冲击断面花纹呈龟背状，这些微裂纹在断裂的过程中吸收大量的冲击能量，从而使 PMMA 的韧性提高。

（九）纳米 Al_2O_3 改性有机玻璃

加入 Al_2O_3 类无机纳米粒子，在保证涂层透明的同时，可以大幅度提高涂层的耐磨性。选择合适的纳米材料与合适的高分子材料复合来获得高耐磨、高透明性的涂料，使其应用于家具、地板、树脂镜片及其他需要提供耐磨性和透明性的领域具有十分重要的价值。

目前，透明耐磨纳米复合涂料的制备主要使用以下三种方法：溶胶—凝胶法、聚合物基体原位聚合法、直接混合法。其中，将纳米粉体直接分散在聚合物基体中制备复合涂料的方法最为常用。Nanophase

Technologies 公司将自己的纳米材料产品——纳米 Al_2O_3 与透明清漆混合，制得的涂料能大大提高涂层的硬度、耐划伤性和耐磨性。这种透明涂料可广泛应用于透明塑料、高抛光的金属表面、木材和其他平板材料的表面，以提高耐磨性和使用寿命。德国 INM 公司开发了用于光学镜片的透明涂料，在涂料中添加纳米陶瓷粉，使涂料具有一定的弹性，同时又提供了在许多方面可与玻璃相媲美的耐刮伤性。德国的 BASF 公司公布了含表面活性微粒的耐刮擦透明涂料的制备方法，该方法主要是对无机纳米粒子进行表面处理，使其与胶黏剂具有反应活性，固化时与胶黏剂以化学键相连，形成有机、无机复合纳米网络体系。

（十）纳米改性微孔玻璃

纳米级微孔 SiO_2 玻璃块体材料是很好的存储功能性信息材料的基体。微孔中掺杂不同性能的分子或离子后，可制得具有特殊功能的纳米级结构材料。纳米级微孔 SiO_2 玻璃粉是一种可用于微孔反应器、微晶存储器、功能性分子吸附剂以及化学、生物分离基质、催化剂载体等的新型材料。在这些应用中，孔径分布及其结构、比表面积以及表面形态等参数各有不同的要求，因此研制适用于某一特殊需要的纳米级微孔 SiO_2 玻璃粉末将为上述领域开辟广阔的前景，也为新型的纳米级结构材料的研制提供了有益的经验。

以金属醇盐为原料的溶胶—凝胶法经水解、缩合，由溶胶转变成三维网络结构的凝胶，再在较低温度下烧结成固体材料，为纳米级微孔 SiO_2 玻璃的制备提供了与传统的高温熔融充气法不同的途径，此法在研制过程的开始阶段即可在分子尺度上调控材料的结构及微孔大小。然而，在纳米级微孔 SiO_2 块体材料的研制中，湿凝胶的干燥和干凝胶的进一步烧结转化成块体材料期间，收缩现象严重，往往因体系中水和醇的蒸发速率不适当以及凝胶中孔的结构及分布不均匀，导致各方向毛细收缩应力不均匀而产生龟裂。尽管许多研究者在解决这个问题方面进行了长期探索，但目前仍未能有较大的突破。微孔的结构及分布范围受多种因素的影响，如反应体系的组成、反应物浓度、pH 大小、添加化学助剂以及陈化、热处理的温度等。

已知克服这一难点的较好方法是采用超临界低温干燥，或在溶胶中加入控制干燥化学助剂（DCCA），前者消除液体表面张力，使凝胶干燥时不收缩，产生大孔（≥50 nm），形成气凝胶；后者则使微孔较为均匀，通过调控液体蒸发速率，即控制干燥速率，使干燥时各方向的毛细收缩阶段可用 DCCA 调控金属醇盐的水解和缩合反应速率使之利于小孔的生成。针对龟裂这一技术难点，人们致力于几纳米的小孔/微孔 SiO_2 玻璃的研制，采用添加化学助剂的方法，在基于对纳米级微孔 SiO_2 玻璃粉末研制体系的性能认知，以及不同体系中分别使用甲酰胺、甘油、草酸等研究工作的基础上，选择性能优良的酸催化体系，用草酸作 DCCA，正硅酸乙酯（TEOS）为原料来进行研制。

（十一）纳米改性玻璃的发展方向

根据玻璃中纳米粒子的大小不同，纳米玻璃的研究内容分为以下三个研究层次。

1. 原子、分子级结构控制技术（1 nm 左右）

通过组成控制和引入结构缺陷等，控制局部配位场，发现新的光、电功能。

2. 超微粒子结构控制技术（1 nm 至数十纳米）

利用气相法、溶液法等加工技术和超短脉冲激光、超高压、附加高电压等外来能源，对超微粒子、分相和结晶、气孔的周期排列进行控制，创造超高亮度发光体、环境激素分离元件、光集成元件等基础材料。

3. 高次结构控制技术（数十纳米以上）

利用无机、有机复合析出各向异性的晶体和控制其界面状态等，进行高次异型结构、周期规则结构形成技术的研究，进一步研究可能用于太阳能电池、运输机械、OA（办公自动化）器械等的超轻质、高强度玻璃基板材料。

纳米玻璃的研究应该涉及以上提到的 3 个研究层次，向多功能化方向发展，如自洁玻璃、抗辐射玻璃、产生特殊色彩效果的玻璃、节能玻璃、光学窗口玻璃等。应该加强光学基本原理的研究，通过特殊的纳米材料和特殊的结构设计，得到高性能的纳米改性玻璃。纳米技术的发展现在已逐渐深入，纳米自组装和分子、原子层次的设计，如今都可以实现，人们对分子、原子的操纵和调控手段日益丰富，已具备将理论设计变成试验产品的能力。因此，具有更好性能的纳米改性玻璃必将逐步进入消费市场。

二、纳米改性陶瓷

陶瓷、金属和高分子材料合称为三大工程材料，而陶瓷材料具有耐高温、耐腐蚀、耐磨等独特性能，因而在工程材料中占有重要地位，并被认为是有军事前景、能为未来提供重大综合效益的技术领域。

纳米技术首先在特种陶瓷中取得突破。近年来对纳米复相陶瓷的研究表明，在微米级基体中添加纳米分散相复合，可以使陶瓷的断裂强度和断裂韧性大大提高（2～4 倍）。纳米颗粒增强的机理主要在于：人们添加的纳米颗粒属于无机刚性粒子，具有很高的强度和模量。一方面，纳米粒子的添加，抑制了主晶相晶粒的长大，而根据脆性材料强度的基本理论，晶粒变小导致材料强度提高；另一方面，会诱发大量微裂纹，纳米粒子还会诱使裂纹偏转，从而发挥多重增韧效果。在陶瓷基体中分散第二相纳米颗粒，可使材料的强度和韧性有很大提高，耐高温性能也将明显提高。

（一）纳米建筑陶瓷中纳米原料的制备

传统的陶瓷原料加工是采用大颗粒粉碎之后经球磨直接使用，粒度控制范围很宽，因此陶瓷颗粒间的结构不紧密，导致了陶瓷韧性和强度都不能满足实际使用需要。随着纳米技术的出现，粒径超细后比表面积增大，材料的表面性能、结构性能以及其他诸多性能都将得到根本改变。如果将这一技术应用于陶瓷制备，将给陶瓷成型加工技术与使用带来翻天覆地的革命。

没有大批量的微米/纳米陶瓷粉作保证，微米/纳米陶瓷就无法实现工业化生产，纳米高强陶瓷、纳米自洁净陶瓷等一系列高技术陶瓷只能停留在实验室。因此，由普通陶瓷原料制备微米/纳米陶瓷粉以及纳米增强粉的制备及产业化研究具有极其重要的意义。此研究的目的是研究大批量、低成本微米/纳米陶瓷粉的制备工艺。

1. 纳米陶瓷原料的合成方法

该研究主要从以下两个方面制备微米/纳米陶瓷粉，即粉碎法和化学合成法。陶瓷的主要原料全部经过加工成为纳米陶瓷粉，在陶瓷原料中进一步添加增强、增韧剂，这些原料都是以陶瓷矿物为基本原料，通过化学法来合成的，这样既避免使用以高纯度原料制备的纳米粉末，同时又解决了高纯度纳米粉价格昂贵、难以用于传统陶瓷行业的问题，这就是大规模降低高强度、高耐磨、高韧性日用和建筑卫生陶瓷的生产成本，以达到现实工业化生产的可能性。

以化学法合成纳米陶瓷粉，采用基础陶瓷原料作为原料，极大降低了纳米陶瓷粉的制造成本。纳米陶瓷粉应用于传统陶瓷中，将极大提高陶瓷的力学性能，并有可能使陶瓷墙地砖摔不碎，实现传统陶瓷产业的革命。应用于传统陶瓷，最重要的是使纳米粉的粒度全部在 100 nm 以下。因为传统陶瓷的其他原料纯度低，即使 100％纯度的纳米粉也将被稀释成较低纯度。若研究人员制备的纳米粉的纯度为 95％、得粉率为理论值的 80％左右，此时的成本较低，将大大提高陶瓷墙地砖的附加值，会产生很大的经济效益。若要制备纯度为 99.9％的高纯度纳米粉，成本将显著提高。但是由于建筑陶瓷其他原料的相对低纯度，使用 95％纯度的纳米粉同使用 99.9％高纯度纳米粉的使用效果比较，并没有明显差异。因此，上述方法是完全可行的，目前进行中小批量的供应，在短期内是能实现的。关键是解决制粉的生产量问题。另外，陶瓷原料在深加工的过程中，得到了充分利用。根据其组成，可制备纳米 Al_2O_3、纳米 SiO_2、纳米 ZrO_2 等，这些粉体在电子、造纸、纺织和特种陶瓷等诸多领域有广泛的应用前景。

2. 粉碎法制备微米/纳米陶瓷原料

制备优质的微米/纳米粉是制备高韧纳米陶瓷的关键技术之一。对传统陶瓷的制粉工艺进行改造后，工艺步骤如下：原料→拣选→粗碎→中碎→微米级粉碎→微米/纳米粉碎分级。

利用射流装置能够将陶瓷原料粒度制备成10～500 nm。根据使用的不同，可再进行分级回收。在研究中，科研人员利用射流装置对紫木节、长石、石英、煤矸石、瓷石等陶瓷原料进行了微米/纳米化粉碎研究。结果表明，对每一种原料，只要控制每一步工艺的入口和出口条件，就可以实现d100全部不大于0.5 μm，实现陶瓷原料的完全亚微米化，这种微米/纳米粉制造的瓷砖将是目前世界上强度等力学性能较好的瓷砖，其强度和耐磨性会比目前市场上销售的微粉砖高出许多。

其中，软质黏土经微米/纳米化后其径向宽度达到10～20 nm，已经成为纳米粉体。煤矸石的粒度范围为50～300 nm，长石、瓷石、石英的粒度都不大于400 nm。

3. 紫木节的微米/纳米制粉工艺研究

制备纳米级紫木节的制粉工艺如下：原料→拣选→粗碎→中碎→微米/纳米级粉碎分级。

紫木节属软质黏土，其微观结构为片状。未经粉碎时，层间距非常小，使用电镜难以分辨相邻的片层，因此尽管片层属纳米级，未经微米/纳米化处理的紫木节没有纳米粉体的性能。

经过如上工艺，透射电镜图显示所有的片层被打开，片层的厚度为10～20 nm，片层之间呈软团聚状态，在后续高速混料工艺中，可以分开而与其他原料混匀，保持纳米级的分散性。而传统工艺制得的纳米粉最大粒径约为5 m，质量平均粒径为0.64 μm。

4. 煤矸石的微米/纳米制粉工艺研究

制备纳米级煤矸石的制粉工艺如下：原料→拣选→粗碎→中碎→微米/纳米级粉碎分级。

该工艺制得的煤矸石的粒度为50～300 nm，平均粒度为150 nm。传统工艺制得的煤矸石粒径的平均粒度为600 nm。根据激光颗粒分布测量仪的测试结果，传统工艺制得的煤矸石的质量平均粒径为2.07 μm，面积平均粒径为0.88 pm。经微米/纳米化处理后，粒度分布范围也明显变窄，这有利于提高陶瓷制品的强度和致密度。

5. 长石的微米/纳米制粉工艺研究

制备纳米级长石的制粉工艺如下：原料→拣选→粗碎→中碎→微米/纳米级粉碎分级。

其中，由于长石的硬度比紫木节和煤矸石高，因此在微米/纳米粉碎分级阶段，需要多进行一次处理。

该工艺制得的长石的粒度为50～400 nm，平均粒度为200 nm。传统工艺制得的长石粒径平均粒度为0.9 μm。经微米/纳米化处理后，粒度分布范围也明显变窄，这有利于提高陶瓷制品的强度和致密度。

6. 纳米银盐抗菌剂的制备

抗菌剂的制备工艺主要是将纳米稀土化合物粉末和纳米 TiO_2 其中的一种或两种，与载银磷酸锆或磷酸钙以及溶剂水在高速搅拌机中混合30 min左右，然后干燥，超细粉碎，制得试验用抗菌剂。

载银抗菌剂的制备工艺是先制备纳米银盐，然后用沉淀法在其表面包覆载体磷酸钙或磷酸锆。

(二) 纳米改性陶瓷的制备

1. 高强、高韧纳米墙地砖的制备

(1) 工艺流程。高强、高韧纳米墙地砖的制造流程如下：基础原料→微米及纳米化处理→高速搅拌（同时加入纳米原料）→泥浆→造粒→成型→烧结（抛光）

(2) 原料的微纳米化。原料的微纳米化工艺有两种：颚式破碎机→射流粉碎；颚式破碎机→振动磨→射流粉碎。经试验，采取不同的粉碎工艺，对最终的粒度及其级配有较大影响。经过振动磨后再进入射流粉碎机效果较好，粒度分布比较集中，粒度范围不超过2 μm，而未经振动磨，如原料粒度在6目筛下，进入射流粉碎机后粒度分布较宽，最大粒径为5 μm，效果较差，因此基础原料粉碎采取第二种工艺路线。长石未经振动磨处理，2.0 μm以下的颗粒只占77.27%；而经过振动磨后2.0μm以下的颗粒比例高达99.53%。

(3) 烧成温度的确定。为了寻找最佳的烧成温度，将试样分别在1120 ℃、1130 ℃、1140 ℃和1150 ℃下烧结，烧结时间为20 min。对样品进行了抗折强度和致密度测试。试验结果表明，最佳烧结温度为1140 ℃；温度太高，陶瓷会变形；温度偏低，没有完全致密化。

（4）纳米高强、高韧墙地砖的性能。试验结果表明，纳米粉可以提高陶瓷的强度和耐磨性，随着含量的增大，陶瓷强度逐渐增大。当其添加量达到6%左右时，抗折强度大于150 MPa，耐磨性等级为5级，可以达到指标要求。与传统墙地砖相比，纳米高强、高韧墙地砖的抗折强度提高了约4倍，耐磨性由3级提高到最高等级5级，其性能高于目前所有的墙地砖，无论是室内还是室外，无论是广场还是道路，都可以广泛使用。

2. 纳米抗菌陶瓷的制备

纳米材料虽然正在发展之中，但已在许多领域和某些产品中首先得到应用，如纳米材料用于摩擦抛光膏、防火材料、磁带、太阳镜等；其中纳米材料抗菌陶瓷釉也是重要的一类应用。我国先后将纳米技术的研究列入“863”“973”等科研计划，并确定其为“高度重视并大力发展的九大关键技术之一”。在纳米抗菌剂方面，已有国家超细粉末研究中心、上海泰谷科技有限公司、浙江金地亚公司等研制出了非溶出性、安全性高、抗菌永久性、不挥发、耐热可达1250 ℃以上高温、分散性好、属于环保型的抗菌剂，并与数家工厂联合开发了抗菌建筑卫生制品。

（1）银盐的抗菌效果研究。试验中先制成坯体，素烧，施底釉和面釉，釉烧温度选择950 ℃和1 050 ℃，保温时间为20 min。采用如下工艺进行：生坯→素烧→施底釉→釉烧→施抗菌自洁净釉→釉烧。由于纳米粒子具有一系列特殊的性质，如粒径小、比表面积大、表面有大量的悬空键和不饱和键等，这使得纳米微粒具有很高的表面活性，表面含有许多纳米级介孔结构。利用这种多微孔的结构特征，采用特殊的化学手段和阴阳离子置换法，将Ag^+置换进纳米磷酸锆载体的微孔中，制成纳米载银抗菌剂。用这种方法烧制的陶瓷，可以根据使用条件的不同来控制Ag^+的溶出速率，以达到最好的杀菌效果。而且，纳米载体巨大的比表面积为抗菌剂和细菌的充分接触创造了良好的条件，提高了杀菌的效率。纳米载体除具有表面效应：界面效应以外，还有量子尺寸效应、小尺寸效应、宏观量子隧道效应等，所以纳米级抗菌陶瓷的杀菌效果更好。

（2）稀土化合物对银盐抗菌效果的影响。据报道，稀土化合物对银盐的抗菌效果有激活作用。研究人员通过试验比较了三种稀土元素的多种化合物，结果发现稀土元素 Sm、Yb 等元素的氧化物和磷酸盐对银系抗菌剂具有很好的活性作用，使其抗菌效果明显增强，釉面更为明亮、平整、光滑。试验表明，稀土化合物的加入能提高 TiO_2 抗菌自洁净剂的效果。在 TiO_2 光催化杀菌剂中，如果 TiO_2 用量过大，会产生着色效果，影响陶瓷制品的白度，而且由于纳米颗粒比较松软，容易产生不致密现象而出现表面粗糙度较高的情况。因此，单独使用光催化杀菌剂，仍存在问题，需要和其他类型的抗菌剂进行复合，才能达到广谱高效的抗菌效果。

（三）对纳米改性建筑陶瓷的展望

纳米陶瓷材料是现代物理和先进技术结合的产物，它将成为21世纪最重要的高新技术之一。纳米陶瓷的研究与发展，必将引起陶瓷工业的变革，引起陶瓷学理论上的发展乃至新的理论体系的建立，从而使纳米陶瓷材料具有更佳的性能，使其在工程领域乃至日常生活中得到更广泛的应用。

纳米载银抗菌陶瓷是一种新型的功能陶瓷，技术含量高，它在保持了原有陶瓷的使用功能和装饰效果之外，又增加了抗菌消毒、化学降解的功能。随着人民生活水平的提高及环保意识的增强，传统建筑材料与环境功能材料的一体化，将是21世纪建筑材料的主要研究方向和发展目标。它的应用领域将日益扩大，市场前景将十分广阔。

建筑卫生陶瓷是广泛应用于家庭和公共场所的陶瓷产品。它与日用陶瓷一样，是与每一个人的健康密切相关的产品，特别是卫生间、厨房、医院病房、游泳池、浴室等人们活动频繁，易滋长、传播各类病菌的地方。随着人类物质生活水平、文明程度的普遍提高以及人类自我保护意识的增强，人们希望营造一个尽可能减少病菌环境的愿望越来越迫切。因此，人类在“进口”和“出口”上加强防范，普遍使用抗菌日用陶瓷和建筑卫生陶瓷，防止“病从口入”和减少排泄物的污染、公共场所的交叉感染的要求也越来越强烈，这就是抗菌建筑卫生陶瓷发展前景广阔的根本原因和社会基础。可以预言，抗菌建筑卫生陶瓷制品将会被更多的人所青睐，纳米型抗菌剂将在陶瓷行业得到广泛应用，抗菌建筑卫生陶瓷产品的普及将为期不远。

第四节　纳米电器材料在建筑和家居中的应用

纳米技术和纳米材料的不断发展，使电器材料逐渐向智能化、多功能化、高性能和环保的方向发展。随着纳米材料制备和加工技术的进步，纳米电子电路将可能取代微电子电路，使电器的处理速度和显示效果发生质变，高性能和低辐射的电器将不断涌现。纳米技术包括纳米抗菌技术、导电塑料、透明耐磨涂层、纳米防辐射材料，它们不但提高了家用电器的性能，而且大大改善了家用电器的外观，使家用电器在提高使用性能的同时，也不断满足人们的审美需求。另外，节能材料也是电器材料的重点研究方向之一。全球各国都面临着能源短缺的问题，因此电器的节能技术不但成为社会的需要，也成为消费者选择电器材料的重要指标之一，这些技术的进步都与纳米材料有较大关系。

一、纳米电器产业化最新进展

（一）纳米电器涂层

纳米材料的出现有望彻底解决电器辐射对人体的伤害。纳米粒子的粒度小，可以实现手机信号的高保真和高清晰，提高信号抗干扰能力，同时大大降低电磁波辐射。具有优异的抗辐射性能的纳米材料主要包括 TiO_2、Cr_2O_3，Fe_2O_3、ZnO 等具有半导体性质的粉体。作为颜料加入涂料中，纳米 ZnO 等金属氧化物由于重量轻、厚度薄、颜色浅、吸波能力强等优点，而成为吸波涂料研究的热点之一。

（二）稀土纳米投影屏的制备

将稀土纳米氧化物均匀涂在投影屏上，取得了奇异的效果：投影屏视场角度增大，在接近180°观察荧屏时，仍然清晰且亮度不减，颜色鲜艳。纳米玻璃的应用，使得LCD的蓝色背光液晶显示屏更加清晰、洁净，增强了美感。

（三）显示器用碳纳米枪和线圈

碳纳米枪是场致效应显示器（FED）的“心脏”，它反射出的电子能在荧光屏上显示出图像。其方法是：在铟和锡氧化物基板上涂覆一层铁膜后，置入电炉中，向电炉中输入乙炔和氦，再用700 ℃的温度加热，结果就在铁膜上形成了碳纳米线圈。用它做电子枪施加电压后，发出的电流密度可达10 mA/cm^2，与碳纳米管相同。它将成为一种制造成本低、耗电少的显示器新技术。

（四）纳米存储设备

短波长的纳米读取头被广泛应用于CD－ROM和DVD的产品中。目前，高档读取头的生产技术和专利主要由日本掌握。在蓝光读取头方面，目前还没进入到产业化阶段。存储数码照片信息所用的磁盘，如所用磁粉为纳米材料，则存储密度可以更大。

（五）纳米抗菌材料

抗菌空调、冰箱、空气净化器可强力杀菌酶、杀菌，杀菌率达到99.2%，能杀灭空气中的多种细菌，使室内空气清新，从而保护人们的健康。采用纳米二氧化钛解毒时，可有效过滤空气异味。

（六）纳米透明耐磨材料

深圳雷地科技公司采用拥有自主知识产权的金刚石膜新材料独立研制成一种高强度、不磨损、透光良好的玻璃手机视窗并申请了专利。耐磨抗裂，即使用刀子在屏幕上任意割划，也不会留下痕迹。由于这一成果使手机视窗产生由树脂材料到纳米材料的革命性发展，我国科学与技术部已将其列入国家重点新产品计划中。

二、家用电器中的纳米功能塑料

家用电器用的塑料多是一些具有特殊功能的塑料，如抗菌塑料、阻燃塑料、导电塑料、磁性塑料、增韧、增强塑料以及为了适应环保要求的生物降解塑料。

高效的纳米抗菌塑料主要用于电冰箱的门把水、门衬、抽屉等零部件和洗衣机的抗菌不锈钢筒、抗菌洗涤水泵、抗菌波轮等零部件。此外，还广泛应用于空调、电话、热水器、微波炉、电饭锅等。增韧、增强塑料主要用于电冰箱门密封条、洗衣机内筒以及各种家用电器的外壳和底座等。

阻燃塑料在家用电器上的应用极为广泛，如电熨斗、微波炉、电视、各种照明器具以及所有电器的插头和插座等。导电塑料主要用于家用电器的壳体，以屏蔽或反射家用电器产生的对人体有害的电磁波，以及用于空调的除尘。磁性塑料的发展较快，大量用于微型精密电机的转子和定子的零部件、电冰箱门封磁条及电视、收录机、录像机、电话、扬声器等家用电器的零部件。

三、纳米电源材料

纳米电源材料有锂离子电池负极材料、碳负极材料、金属电极材料、碳纳米管负极材料等。单纯地应用碳纳米管作为负极材料受到一定的限制，必须对其进行一系列的改性处理。近年来，由于纳米新材料技术的发展，一系列充满应用前景的纳米负极材料被制备出来，如 V_2O_5 纳米棒、TiO_2 纳米棒、纳米结构的 Co_2O_3 材料等一些金属氧化物。纳米材料在锂离子电池中的应用越来越为人们所重视。将碳纳米管引入锂离子电池开发新型电池材料，必将大有市场潜力。把碳纳米管同储锂容量高的金属、金属氧化物或非金属制备成碳纳米管复合电极材料，将是今后人们研究的重点。

四、抗电磁辐射材料

利用纳米粉体吸收峰的共振频率随量子尺寸变化的性质，可通过改变量子尺寸来控制吸收边的位移，制造具有一定频宽的新型微波吸收材料。电磁辐射已成为新的环境污染，利用与军用类似的吸波材料对人体进行屏蔽保护是最有效的防护方法。

目前有纳米铁防辐射材料，它是利用纳米铁粉的吸波特性，制作出的一种新型结构吸波材料——纳米铁/环氧树脂复合材料。

五、碳纳米管在纳米电器中的应用

碳纳米管应用最有作为的领域是纳米电子器件，它可作为器件的功能材料，也可以作为导电的纳米线。将单壁碳纳米管竖直组装在晶态金属膜表面，除用于测量其电学特性，制作 SPM 的针尖外，还有其他重要的应用，如电子显微镜的相干电子源、高效场发射电子源、极高分辨率的显示器件。

在电器微型化的进程中，一方面电子器件从电子管、晶体管、集成电路到碳纳米管；另一方面电路从放大电路、负反馈放大电路到优化反应反馈放大电路。利用隧道效应显微技术，对单个分子或原子进行操作，可获得具有超级优化特性的碳纳米管优化电压并联反馈放大电路。碳纳米管优化电压并联反馈放大电路，势必成为未来微型电器中起放大作用的基本电路。

第六章　建筑工程经济的基本原理

第一节　建筑工程经济概述

工程与经济是密切相关的，而建筑工程经济就是工程与经济的交叉学科，是研究工程技术实践活动经济效果的学科，是对工程技术问题进行经济分析的系统理论和方法。

一、建设项目

（一）建设项目的概念

建设项目是指在总体设计和总概算控制下建设的，以形成固定资产为目的的所有工程项目的总和。

（二）建设项目的特征

（1）投资额巨大，建设周期长。

（2）按照一个总体设计建设，是可以形成生产能力或使用效益的若干单项工程的总体。

（3）一般在行政上实行统一管理，在经济上实行统一核算。

（4）建成后能独立地对外进行工作和经济往来。

（三）建设项目的分类

（1）按建设性质可将建设项目分为基本建设项目和更新改造项目。基本建设项目是指建筑、购置和安装固定资产的活动，以及与此相联系的其他工作。基本建设是存在于国民经济各部门、以获得固定资产为目的的经济活动。基本建设项目又可分为新建项目、扩建项目、迁建项目、恢复项目。更新改造项目是指建设资金用于对企、事业单位原有设施进行技术改造或固定资产更新的项目，或者为提高综合生产能力增加的辅助性生产、生活福利等工程项目和有关工作。更新改造工程包括挖潜工程、节能工程、安全工程、环境工程等。例如，设备更新改造，工艺改革，产品更新换代，厂房生产性建筑物和公用工程的翻新、改造，原燃材料的综合利用和废水、废气、废渣的综合治理等，主要目的就是实现以内涵为主的扩大再生产。

（2）按投资作用可将建设项目分为生产性建设项目和非生产性建设项目。

（3）按项目规模，基本建设项目可分为大、中、小型三类；更新改造项目可分为限额以上及限额以下两类。

（4）按项目的经济效益、社会效益和市场需求可将建设项目分为竞争性项目、基础性项目、公益性项目。公益性项目的投资主要由政府用财政资金安排。

（5）按项目的投资来源可将建设项目分为政府投资项目和非政府投资项目。政府性投资项目又可分为经营性政府投资项目和非经营性政府投资项目。

二、经济与建筑工程经济

（一）经济

经济是指社会的经济活动，社会的生产再生产过程；也是指一个国家的国民经济总体或其中的一个部门；经济还有节约的意思，就是如何用有限的人、财、物等资源投入获得最大的产出或效益。

（二）建筑工程经济

经济学是研究各种经济关系和经济活动规律的科学，即研究如何使有限的生产资源得到有效的利用，从而获得不断扩大、日益丰富的商品和服务。

工程经济学是工程与经济的交叉学科，是研究工程技术实践活动经济效果的学科。

建筑工程经济是在建筑工程领域运用工程学和经济学有关知识相互交融而形成的工程经济分析原理与方法，对能够完成建筑工程项目预定目标的各种可行技术方案进行技术经济论证、比较、计算和评价，优选出技术上先进、经济上有利的方案，从而为实现正确的投资决策提供科学依据的一门应用型经济学科。

建筑工程经济是以建筑工程项目为主体，以技术与经济系统为核心，研究如何有效利用资源，提高经济效益的学科。建筑工程经济研究各种工程技术方案的经济效益，研究各种技术在使用过程中如何以最小的投入获得预期产出，或者说如何以等量的投入获得最大产出，如何用最低的寿命周期成本实现产品、作业以及服务的必要功能。

三、工程技术与经济的关系

工程技术与经济既相互联系又相互制约，是矛盾的统一体。

(1) 经济是技术进步的目的，技术是达到经济目标的手段，是推动经济发展的动力。在工程技术和经济的关系中，经济是主导，处于主体地位，工程技术进步是为经济发展服务的，工程技术发展的过程也是经济效益不断提高的过程。

(2) 技术与经济还存在相互制约和相互矛盾的一面。任何一项新技术一定要受到经济发展水平的制约和影响，而技术的进步又促进了经济的发展，是经济发展的动力和条件。

总之，工程技术和经济辩证统一地存在于生产建设过程中，既相互促进又相互制约。经济发展是技术进步的目的，技术是经济发展的手段。

四、建筑工程经济的内容

建筑工程经济作为应用学科，其研究内容相当广泛，横向看涉及国民经济所有物质生产部门和某些非物质生产部门；纵向看涉及生产建设过程的各个阶段和经济活动的各个环节。为使学科的内容体系具有相对的完整性与条理性，学习内容分为以下三个部分：

第一部分为基本原理，包括概述、资金的时间价值、工程经济分析的基本要素。

第二部分为工程经济分析和经济效益评价方法，包括工程经济效果评价方法和不确定性分析。

第三部分为专题方法研究与应用，包括设备更新的经济分析、建筑工程项目可行性研究及企业技术改造经济分析，价值工程、资金筹措与融资。

（1）可行性研究与建设项目规划研究和分析方案的可行性。如可行项目规划与选址、项目建设方案设计。

（2）建筑工程项目的投资估算与融资分析。研究如何建立筹资主体与融资方式的成本和风险，具体包括建设项目投资估算、资金筹措、融资结构分析。

（3）投资方案选择。实现一个投资项目往往有多个方案，分析多种可行方案之间的关系，进行多方案选择是建筑工程经济研究的重要内容，包括方案比较与优化，研究项目对各投资主体的贡献，从企业财务分析方案的可行性。

（4）项目费用效益分析。研究项目对国民经济和社会的贡献，评价项目对环境的影响，从国民经济和社会角度分析项目的可行性。

（5）风险和不确定性分析。由于各种不确定因素的影响，会使项目建成后期望的目标与实际状况发生差异，可能会造成经济损失。为此，需要识别和估计风险，进行不确定性分析。具体包括不确定性分析、投资风险及其控制和风险管理分析等内容。

工程经济分析与评价可以帮助我们确定采用哪种新技术、新设备、新材料、新工艺，才更加符合我国的自然条件和社会条件，取得更大的经济效果；可以帮助我们在多个工程技术方案的条件下根据经济效果进行方案的比选和评价；可以帮助我们提高资源利用的经济效果和投资的经济效果。这对节约国家的人力、物力和财力具有很大的作用，对于加快国民经济发展速度也具有重大的现实意义。

五、建筑工程经济的研究对象

建筑工程经济的研究对象就是解决各种建筑工程项目（或投资项目）问题的方案或途径。其核心是建筑工程项目的经济性分析。这里所说的项目是指投入一定资源的计划、规划和方案，并可以进行分析评价的独立单元。它在建设工程领域的研究客体是由建设工程生产过程、管理过程等组成的一个多维系统，通过所考察系统的预期目标和所拥有的资源条件，分析该系统的现金流量情况，选择合理的技术方案，以获得最佳的经济效果。

建筑工程经济为具体建筑工程项目分析提供方法基础，而工程经济分析的对象则是具体的建筑工程项目。运用建筑工程经济的理论和方法可以解决建设工程从决策、设计到施工及运行阶段的许多技术经济问题，例如，在施工阶段，要确定施工组织方案、施工进度安排、设备和材料的选择等，如果我们忽略了对技术方案进行工程经济分析，就有可能造成重大的经济损失。

建筑工程经济解决问题的延伸产生了新的工程经济分析的方法，丰富了建筑工程经济的内容，但不应将建筑工程经济研究的对象与这些问题的经济研究完全等同起来。

六、建筑工程经济的特点

建筑工程经济是介于工程学科和经济学科之间的边缘学科，属于经济学科范畴。它既不是纯工程学科，也不是纯经济学科，而是与两者有着密切联系，是这两个学科领域交叉而形成的实践性很强的应用学科。建筑工程经济具有如下特点。

（一）综合性

建筑工程经济从工程技术方案的角度去考虑经济问题，又从经济的角度去考虑技术方案问题，工程技术方案是基础，经济是目的。建筑工程经济的研究是在工程技术方案可行的基础上，进行经济合理性的研究与论证工作。它为技术可行性提供经济依据，并为改进技术方案提供符合社会采纳条件的改进方案和途径。

（二）实用性

建筑工程经济的研究对象来源于工程建设或生产实际，并紧密结合生产技术和经济活动进行，它所分析和研究的成果直接应用于生产，并通过实践来验证分析结果是否正确。

（三）定量性

如果没有定量分析，工程技术方案的经济性就无法评价，不同方案的经济效果也就无法表示，方案之间的比较和选优也就无法实现。因此，建筑工程经济的研究方法以定量分析为主，对难以量化的因素也要通过主观判断的形式给予量化表示。

（四）比较性

建筑工程经济的分析是通过经济效果的比较，从多个可行的技术方案中选择最优的方案或最满意的方案。这种比较是对各种可行方案的未来“差异”进行经济效果分析比较，即把各方案中相等的因素在具体分析中略去，以简化分析和计算。

（五）预测性

建筑工程经济的分析活动是在技术方案实施之前进行的，是对即将实施的技术政策、技术方案、技术措施进行的预先分析评价，是着眼于“未来”，对技术政策、技术措施制定后，或技术方案被采纳后，将要带来的经济效果进行计算、分析与比较。建筑工程经济关心的不是某方案已经花费了多少代价，它不考虑过去发生的、在今后决策过程中已无法控制的、已用去的那一部分费用的多少，而只考虑从现在起为获得同样使用效果的各种方案的经济效果。既然建筑工程经济讨论的是各方案未来的经济效果问题，那就意味着它们会有“不确定因素”与“随机因素”的预测与估计，这将关系到技术效果评价的结果。因此，建筑工程经济是建立在预测基础上的科学。

综上所述，建筑工程经济具有很强的综合性、实用性、定量性、比较性和预测性等特点。

七、建筑工程经济的研究方法

我国的工程建设程序分为八个步骤，即编报项目建议书、进行可行性研究和项目评估、编报设计任务书、编报设计文件、编报年度建设计划、进行施工准备和生产准备、组织施工以及竣工验收交付使用。工程经济研究的核心问题，是运用工程经济分析的原理与方法，对各种工程技术活动进行综合的技术经济分析与经济效益评价，优选可行方案。其主要的研究方法如下：

（1）必须坚持运用辩证唯物主义的观点和方法来分析问题。要坚持事物相互联系的观点，透过各种复杂的现象找出事物的本质，抓住主要矛盾，探讨技术与经济协调发展的客观规律性。

（2）必须贯彻理论联系实际的原则，注重调查研究。

（3）建筑工程经济的研究，必须注意运用系统论的原理和分析方法，对各方面的问题进行全面的、系统的论证与评价。

（4）由于建筑工程经济研究的问题面向生产实践，而且大都是与生产技术密切相关的措施方案，所以在某种情况下，也可以采用试验研究的手段来取得技术经济数据与资料。

第二节　资金的时间价值

一、现金流量

（一）现金流量的概念与构成

项目在其寿命周期内，总可以表现为投入一定量的资金，花费一定量的成本，通过产品销售获得一定量的货币收入。在技术经济分析中，我们把项目视为一个系统，投入的资金、花费的成本、获得的收益等都是发生在一定的时间点上，这种以货币的计算方式发生的资金流出或流入就是现金流量。

简单来说，现金流量是指拟建项目在整个项目计算期内各个时点上实际发生的以现金或现金等价物表现的资金流入和资金流出的总称。现金流量可分为现金流入量、现金流出量和净现金流量。

（1）现金流入量是指在整个计算期内所发生的实际现金流入，或者说是某项目引起的企业现金收入的增加额，通常来自营业（销售）收入、固定资产报废时的残值收入以及项目结束时收回的流动资金。这里的中心指标是营业现金流入。

（2）现金流出量是指在整个计算期内所发生的实际现金支出，或者说是某项目引起的企业现金支出的增加额，通常支付于企业的投入资金（建设投资和流动资金投资）、税金及附加和经营成本等。

（3）净现金流量是指某个时点上实际发生的现金流入与现金流出的差额。流入量大于流出量时，其值为正；反之，其值为负。现金流量一般以计息期（年、季、月等）为时间量的单位，用现金流量图或现金流量表来表示。

（二）现金流量的表示方法

1. 现金流量表

现金流量表是指能够直接、清楚地反映出项目在整个计算期内各年现金流量（资金收支）情况的一种表格，利用它可以进行现金流量分析，计算各项静态和动态评价指标，是评价项目投资方案经济效果的主要依据。

根据现金流量表中的净现金流量，我们可直接计算净现值、静态投资回收期、动态投资回收期等主要的经济评价指标，非常直观、清晰。现金流量表是实际操作中常用的分析工具。

2. 现金流量图

一个项目的实施往往要延续一段时间。在项目寿命期内，现金流量的流向（支出或收入）、数额和发生时点都不尽相同，为了正确地进行经济效果评价，我们有必要借助现金流量图来进行分析。

所谓现金流量图，就是一种描述现金流量作为时间函数的图形，即把项目经济系统的现金流量绘入一副时间坐标图中，表示出各项资金流入、流出与相应的对应关系。

现金流量图包括大小、流向、时间点三大要素。其中，大小表示资金数额；流向表示项目的现金流入或流出；时间点表示现金流入或流出所发生的时间。

二、资金的时间价值

（一）资金时间价值概述

1. 资金时间价值的含义

资金时间价值是指资金在生产和流通过程中随着时间推移而产生的增值。例如，今天我们将 100 元存入银行，若银行的一年定期存款利率是 1.5%，一年以后的今天，我们将得到 101.5 元。其中的 100 元是本金，1.5 元是利息，这个利息就是资金时间价值。

两笔等额的资金由于发生在不同的时期，它们在价值上就存在着差别，发生在前的资金价值高，发生在后的资金价值低。产生这种现象的根源在于资金具有时间价值。

资金的时间价值是商品经济中的普遍现象，资金之所以具有时间价值，概括地讲，是基于以下两个原因：

（1）从社会再生产的过程来讲，对于投资者或生产者，其当前拥有的资金能够立即用于投资并在将来获取利润，而将来才可取得的资金则无法用于当前的投资，因此，也就无法得到相应的收益。正是由于资金作为生产的基本要素，进入生产和流通领域所产生的利润，使得资金具有时间价值。

（2）从流通的角度来讲，对于消费者或出资者，其拥有的资金一旦用于投资，就不能再用于消费。消费的推迟是一种福利损失，资金的时间价值体现了对牺牲现期消费的损失所应作出的必要补偿。

2. 资金时间价值的意义

在方案的经济评价中，时间是一项重要的因素，研究资金时间因素，就是研究时间因素对方案经济效果（或经济效益）的影响，从而正确评价投资方案的经济效果（或经济效益）。具体来讲，研究资金时间价值在宏观方面可以促进有限的资金得到更加合理的利用。

（1）资金时间价值是市场经济条件下的一个经济范畴。无论社会是何种体制，只要存在商品生产和商品交换，就必然存在资金的时间价值，而且随时在发生作用。因此，必须对它进行研究。

（2）重视资金时间价值可以促使建设资金合理利用，使有限的资金发挥更大的作用。随着我国财政体制的变革，基本建设投资已由国家无偿拨款改为由建设银行有息贷款，并要求在预定的时间内按复利还本付息，这将促进资金使用效益的提高。因此，在基本建设投资活动中，必须充分考虑资金的时间价值，千方百计地缩短建设周期，加速资金周转，提高建设资金的使用效益。

（3）我国加入世贸组织后，市场进一步开放，我国企业也要参与国际竞争，要用国际通行的项目管理模式与国际资本打交道。只有考虑资金的时间价值，才能平等地参与国内、国际的市场竞争。

资金时间价值有两个含义：一是将货币用于投资，通过资金的运动来使货币增值；二是将货币存入银行，相当于个人失去了对这些货币的使用权，按时间计算这种牺牲的代价。

在社会主义市场经济条件下，存在着商品的生产，其受商品生产的规律所制约，必须通过生产与流通，货币的增值才能实现。因此，为了使有限的资金得到充分的利用，就必须运用“资金只有运动才能增值”的规律，加速资金周转，提高经济效益。

（二）资金时间价值的影响因素与衡量尺度

1. 资金时间价值的影响因素

从投资者的角度来看，资金时间价值主要受以下因素影响。

（1）投资额

投资的资金额度越大，资金的时间价值就越大。例如，如果银行存款年利率为1.5%，那么将200元存入银行，一年后的现值为203元；400元存入银行，一年后的现值为406元。显然，400元的时间价值比200元的时间价值大。

（2）利率

一般来讲，在其他条件不变的情况下，利率越大，资金时间价值越大；利率越小，资金时间价值越小。例如，如果银行存款年利率为1.5%时，将100元存入银行，一年的时间价值是1.5元；如果银行存款年利率为5%，将100元存入银行，一年的时间价值是5元。显然，银行存款年利率为5%时的时间价值比存款年利率为1.5%时的时间价值大。

（3）时间

在其他条件不变的情况下，时间越长，资金时间价值越大；反之，越小。

（4）通货膨胀

如果出现通货膨胀，会使资金贬值，贬值会减少资金时间价值。

（5）风险

投资是一项充满风险的活动。项目投资以后，其寿命期、每年的收益、利率等都可能发生变化，也可能使项目获得意外的收益，这就是风险的影响。但是，风险往往同收益成比例，风险越大的项目，一旦经营成功，其收益也越大。

2. 资金时间价值的衡量尺度

衡量资金时间价值的尺度有两种：一是绝对尺度，即利息、盈利或收益；二是相对尺度，即利率、盈利率或收益率。资金时间价值一般用利息和利率来衡量。利息是利润的一部分，是利润的分解或再分配。利率是指一定时期内积累的利息总额与原始资金的比值，即利息与本金之比。它是国家调控国民经济、协调部门经济的有效杠杆之一。

资金时间价值的计算方法与复利方式计息的方法完全相同，因为利息就是资金时间价值的一种重要表现形式，而且通常用利息作为衡量资金时间价值的绝对尺度，用利率作为衡量资金时间价值的相对尺度。

三、等值计算

（一）资金等值的概念

发生在不同时间点上的两笔或一系列绝对数额不等的资金额，按资金的时间价值尺度，所计算出的价值保持相等。不同时间的资金存在着一定的等价关系，这种等价关系称为资金等值。通过资金等值计算，可以将不同时间发生的资金量换算成某一相同时刻发生的资金量，然后即可进行加减运算。

（二）资金等值的影响因素

影响资金等值的因素有三个，即资金金额大小、资金发生的时间和利率，它们构成现金流量的三要素。在方案比较中，资金时间价值的作用，使得各方案在不同时间点上发生的现金流量无法直接比较，利用等值的概念，可以将一个时点发生的资金额换算成另一时间点的等值金额，这一过程称为资金等值计算。进行资金等值计算要涉及以下五个基本参数。

1. 利率或收益率

利率或收益率一般是指年利率（收益率）。其含义是一年内投资所得的利润与本金（投资额）之比，通常用百分数表示。

利率（收益率）＝（年）利息（利润）/本金（投资额）×100%

2. 计算期数

计算期数是指在某一时期计算利息的次数。在技术经济分析中一般指年数，一年为一期。

3. 现金（现值）

现金（现值）是指资金在现在时点上的价值，因此，也称为时值，也就是计算周期开始时的资金价值。它属于一次性支付（或收入）的资金，一般代表着投资额。

4. 终值（未来值）

终值（未来值）是指一笔资金在利率的条件下经过若干计息周期终了时的价值，其大小为全部计息周期的本利和。在一个经济投资运行系统中，终值的值应恒大于现金的值。

5. 等额年金或年值

等额年金或年值是指按年分次等额收入（或支出）的资金。等额年金在应用时必须符合以下三个条件：

（1）各期收入（或支出）的资金相等；

（2）各期的时间间隔相等；

（3）每一次的收（或支）都是在每期的期末（或期初）。

（三）名义利率和实际利率

在复利计算中，利率周期通常以年为单位，它可以与计息周期相同，也可以不相同。当利率周期与计息周期不一致时，就出现了名义利率与实际利率（有效利率）的概念。计息周期一般指计结息的频率，如按月结息、按季结息等；利率周期一般指利率调整周期。

在经济活动中，区别名义利率和实际利率至关重要。是赔是赚不能看名义利率，而要看实际利率。实际利率是剔除了通货膨胀因素影响后的利率。当通货膨胀率很高时，实际利率将远远低于名义利率。由于人们往往关心的是实际利率，因此，若名义利率不能随通货膨胀率进行相应的调整，人们储蓄的积极性就会受到很大的打击。

第七章　工程经济分析

第一节　工程经济分析的基本要素

一、建设项目投资的构成与估算

（一）投资的概念和构成

投资是技术经济分析中重要的概念，一般有广义和狭义两种理解。广义的投资是指为了实现盈利或规避风险而进行的资金经营活动；狭义的投资是指所有投资活动中最基本、最重要的投资，即投放的资金。工程经济中的投资是为了保证项目投产和生产经营活动的正常进行而投入的活劳动和物化劳动价值总和，是为了未来获得报酬而先垫付的资金。建设投资是指在工程项目建设阶段所需要的全部费用的总和，包括建筑安装工程费、设备及工器具购置费、工程建设其他费和预备费四部分，各分项分别形成固定资产原值、无形资产原值和其他资产原值；建设期利息是指筹措债务资金时在建设期内发生并按规定允许在投产后计入固定资产原值的利息，即资本化利息；流动资金是指运营期内长期占用并周转使用的营运资金。

1. 建筑安装工程费

建筑安装工程费是指建设单位支付给从事建筑安装工程施工单位的全部生产费用。建筑安装工程费的项目组成，根据考虑的角度不同，其费用组成略有差异。

2. 设备及工器具购置费

设备及工器具购置费由设备购置费和工器具、生产家具购置费组成。

设备购置费是指为建设工程购置或自制的费用满足固定资产特征的设备、工具、器具的费用。一般由设备原价与设备运杂费构成。

设备购置费＝设备原价＋设备运杂费

其中，国产设备原价一般是设备制造厂的交货价或订货合同价，要根据生产厂商或供应商的询价、报价、合同价确定；进口设备的原价是指抵达买方边境港口或边境车站，且交完关税等税费后形成的价格，即进口设备的抵岸价。

设备运杂费包括运费和装卸费、包装费、设备供销部门的手续费、采购与仓库保管费。

设备运杂费＝设备原价×设备运杂费率

工器具及生产家具购置费是指新建项目或扩建项目初步设计规定的，保证初期正常生产必须购置的没有达到固定资产标准的设备、仪器、工卡模具、器具、生产家具和备品备件等的购置费用。

工器具及生产家具购置费＝设备原价×定额费率

3. 工程建设其他费

工程建设其他费是指工程项目从筹建到竣工验收交付使用的整个建设期间，除建筑安装工程费、设备及工器具购置费和预备费以外的，为保证工程建设顺利完成和交付使用后能够正常发挥效用而易生的费用。

工程建设其他费按其内容大体可分为三类：第一类为土地使用费，第二类是与项目建设有关的费用，第三类是与项目未来生产和经营活动有关的费用。

土地是不可再生的稀缺资源，也是工程项目的载体，土地使用费是指按照《中华人民共和国土地管理法》等规定，项目征用土地或租用土地应支付的费用，具体有：农用土地征用费（包括土地补偿费、安置补助费、土地投资补偿费、土地管理费、耕地占用税等）和取得国有土地使用费（包括土地使用权出让金、城市建设配套费、拆迁补偿与临时安置补助费等）。目前，土地费用一般占工程项目总投资的30％左右，个别项目甚至占到了60%～70%。

与项目建设有关的费用有：建设管理费（包括建设单位管理费、工程监理费、工程质量监督费），可行性研究费，研究试验费，勘察设计费，环境影响评价费，劳动安全卫生评价费，场地准备及临时设施费，引进技术及进口设备其他费（包括出国人员费用、国外工程技术人员来华费用、技术引进费、分期或延期付款利息、担保费、进口设备检验鉴定费用），工程保险费，特殊设备安全监督检验费，市政公用设施建设及绿化补偿费。

与项目未来生产和经营活动有关的其他费用有：联合试运转费，生产准备费（包括生产职工培训费、提前进厂职工工资福利劳保费），办公和生活家具购置费。

4. 预备费

预备费是为了使工程顺利开展，避免不可见因素造成的投资估计不足而预先安排的费用。按我国现行规范规定，预备费包括基本预备费和涨价预备费。

基本预备费是指在项目实施中可能发生难以预料的支出，需要预先预留的费用，主要包括设计变更及施工过程中可能增加工程量导致的费用，又称工程建设不可预见费。

涨价预备费是指项目在建设期内由于材料、设备、人工等价格变化引起投资增加，或工程建设其他费用调整，如利率、汇率调整等，需要事先预留的费用，也称价格变动不可预见费。

5. 建设期利息

建设期利息包括项目债务资金在建设期内发生并计入固定资产的利息和其他融资费用。其他融资费用是指项目债务资金发生的手续费、承诺费、管理费、信贷保险费等融资费用。在项目评价中，对于分期建成投产的项目，应注意按投产时间分别停止借款费用的资本化，即投产后继续发生的借款费用不作为建设期利息计入固定资产原值，而是作为运营期利息计入总成本费用。

6. 流动资金

流动资金是指为维持一定的规模生产所占用的全部周转资金。当项目寿命期结束，流动资金即成为企业在期末的一项可回收的现金流入。在企业生产经营时，用流动资金购买原材料、燃料等，投入生产，经过加工制成产品，经过销售回收资金，完成一个生产过程。流动资金就是这样由生产领域进入流通领域，又从流通领域进入生产领域，依次通过供、产、销三个环节，不断周转，长期占用。

（二）建设项目投资估算

项目投资估算是对整个工程项目投资总额的估算，是指项目从筹建、施工、建成投产的全部建设费用。投资估算的主要依据包括项目建议书、建设规模、产品方案、设计方案、图样及设备明细表；设备价格、运费杂费率及当地材料预算价格；同类型建设项目的投资历史资料以及国家有关标准和本地区工程定额等。

工程项目费用估算的准确度，取决于该项目估算是在项目建设的哪个阶段，随着工程建设阶段的不断深入，费用估算的准确度也不断提高而接近实际。

我国通常采用工程概预算法进行投资估算，有几种不同的方法，可根据工程项目的特点、掌握资料的详细程度、估算精度要求和作用灵活选用，这里按照固定资产估算和流动资金估算分别介绍。

1. 固定资产估算

（1）生产规模指数法

生产规模指数法是利用已知的投资数据来估算规模不同的同类项目的投资。一般在规划方案阶段使用。

（2）分项类比估算法

分项类比估算法是将工程项目的固定资产投资分为三项：机器设备的投资，建筑物、构筑物的投资，其他投资。然后，根据建筑和其他投资与机器设备的一般比例关系，来分别估算出建筑物的投资和其他费用。这种方法需要大量的同类工程实际投资的数据资料，并要求估算人员具有丰富的经验，一般适用于初步设计阶段。

（3）工程概算法

工程概算法是目前国内应用比较广泛的一种方法，其做法大致如下。

①建设工程投资。根据工程项目结构特征一览表，套用概算指标或大指标（每平方米建筑面积造价指标）进行计算。

②设备投资。标准设备按交货价格计算，非标准设备按非标准指标估算，国外进口设备按离岸价加海上运费、保险费、关税、增值税以及外贸手续费和银行手续费等计算，设备运杂费按照各地区规定的运杂费率计算，工具及器具按占设备原价的百分率计算。

③其他费用。按照主管部委、省、自治区、直辖市规定的取费标准或按建筑工程费的百分率来计算。

④预备费用。按照建筑工程、设备投资和其他费用之和的一定百分比计算，一般取上述之和的5%～8%。

2. 流动资金估算

流动资金是指生产经营性项目投产后，为进行正常生产运营，用于购买原材料、燃料，支付工资及其他经营费用等所需的周转资金。流动资金估算常用的方法有扩大指标估算法和分项详细估算法。

（1）扩大指标估算法

根据同类企业中流动资金与销售收入、经营成本、固定资产的比率，以及单位产量占流动资金的比率来估算，如国外的化工企业的流动资金就有按照固定资产投资的15%～20%估算的，具体包括产值资金率法、固定资产投资比率法、成本计算法等。扩大指标估算法简便易行，但准确度不高，适用于项目建议书阶段的估算。计算公式为：

年流动资金＝年费用基数×流动资金率

（2）分项详细估算法

分项详细估算法是根据周转额与周转速度之间的关系，对构成流动资金的各项流动资产和流动负债分别进行估算。计算公式为：

流动资金＝流动资产－流动负债

流动资产=应收账款+存货+现金

流动负债=应付账款

流动资金本年增加额=本年流动资金-上年流动资金

二、成本费用的构成与估算

成本费用是企业在运营期内为生产产品或提供服务所发生的全部费用，它可以综合反映项目的技术水平、工艺完善程度、资金利用情况和项目管理水平。在工程经济分析中，不严格区分费用和成本，而将它们均列为现金流出。

（一）总成本费用

1．总成本费用构成

总成本费用是指企业（投资项目）在一定时期内（一般为1年）为生产和销售产品所花费的全部支出。按经济用途的不同，总成本费用可分为生产成本和期间费用。

（1）生产成本

生产成本亦称制造成本，是指企业生产经营过程中实际消耗的直接材料费、直接工资、其他直接支出和制造费用。

①直接材料费。直接材料费包括企业生产经营过程中实际消耗的原材料、辅助材料、设备零配件、外购半成品、燃料、动力、包装物、低值易耗品以及其他直接材料费。

②直接工资。直接工资包括企业直接从事产品生产人员的工资、奖金、津贴和补贴等。

③其他直接支出。其他直接支出包括直接从事产品生产人员的职工福利费等。

④制造费用。制造费用是指企业各个生产单位（分厂、车间）为组织和管理生产所发生的各项费用，包括生产单位（分厂、车间）管理人员工资、职工福利费、折旧费、维简费、修理费、物料消耗、低值易耗品摊销、劳动保护费、水电费、办公费、差旅费、运输费、保险费、租赁费用（不含融资租赁费）、设计制图费、试验检验费、环境保护费以

及其他制造费用。其中，直接材料、直接人工和其他直接支出构成产品的直接成本，制造费用则构成产品的间接成本。

（2）期间费用

期间费用是指当期发生的、与生产活动没有直接联系的、直接计入损益的各项费用，包括管理费用、营业费用和财务费用。

①管理费用。管理费用是指企业行政管理部门管理和组织经营活动而发生的各项费用，包括工会经费、职工教育经费、业务招待费、印花税等相关税金、技术转让费、无形资产摊销、咨询费、诉讼费、提取的坏账损失、提取的存货跌价准备、公司经费、聘请中介机构费、研究与开发费、劳动保险费、董事会会费以及其他管理费用。管理费用是一般发生在企业的行政管理部门，如工厂、公司一级的费用。直接组织产品生产的单位，如车间、施工企业的工程处等发生的组织和管理生产的费用，一般应属于间接费用。但车间、工程处等单位发生的，由工厂或公司统一掌握、管理和分配使用的工会经费、职工教育经费、劳动保险费等，应列入管理费用核算。

②营业费用。营业费用是指企业在销售产品、提供劳务过程中发生的各项费用以及专设销售机构的各项经费。它包括运输费、保险费、展销费、广告费、租赁费（不包括融资租赁费），以及为销售产品而专设的销售机构的职工工资、福利费等经常性费用。

③财务费用。财务费用是指企业筹集生产经营所需资金而发生的费用，包括利息支出（减利息收入）、汇兑损失、金融机构手续费以及筹集生产经营资金发生的其他费用。

2. 总成本费用估算

工程经济分析常发生在工程使用之前，较难详细估算上述成本费用，因此可采用生产要素法估算总成本费用。应用生产要素法时，总成本等于经营成本与折旧费、摊销费和财务费用之和。在工程经济中，将构成成本费用的外购原材料费、外购燃料及动力费、工资及福利费、修理费、其他费用、折旧费、摊销费、生产经营期利息支出等生产要素逐一列出，逐项估算。年总成本费计算为：

总成本费用＝生产成本＋销售费用＋管理费用＋财务费用

总成本费用＝外购原材料、燃料及动力费＋工资及福利费＋修理费＋折旧费＋维简费＋摊销费＋利息支出＋其他费用

（1）外购原材料、燃料及动力费

①原材料成本是成本的重要组成部分，可按下面公式计算：

外购原材料费＝年产量×单价产品原材料成本

式中，年产量可根据测定的设计生产能力和投产期各年的生产负荷加以确定；单位产品原材料成本是依据原材料消耗定额和单价确定的。企业生产经营过程中所需要的原材料种类繁多，在计算时，可根据具体情况选取耗用量较大的、主要的原材料为对象，依据有关规定、原则和市场调查数据进行估算。

②燃料动力费计算公式为：

外购燃料及动力成本＝年产量×单位产品燃料和动力成本

（2）工资及福利费

工资及福利费包括在制造成本、管理费用、销售费用之中。为便于计算和进行经济分析，可将以上各项成本中的工资及福利费单独计算。

①工资。工资的计算可以采取以下两种方法：

一是按整个企业的职工定员数和人均年工资额计算年工资总额，其计算公式为：

年工资成本＝企业职工定员数×人均年工资额

二是按照不同的工资级别对职工进行划分，分别估算同一级别职工的工资，然后加以汇总。一般可分为五个级别，即高级管理人员、中级管理人员、一般管理人员、技术工人和一般工人等。如有国外的技术人员和管理人员，应单独列出。

②福利费。福利费主要包括职工的保险费、医药费、医疗经费、职工生活困难补助以及按国家规定开支的其他职工福利支出，不包括职工福利设施的支出。一般按职工工资总额的一定比例提取。

（3）折旧费

折旧费包括在制造费用、管理费用、销售费用中。

折旧是指在固定资产的使用过程中，随着资产损耗而逐渐转移到产品成本费用中的那部分价值。将折旧费计入成本费用是企业回收固定资产投资的一种手段。按照国家规定的折旧制厚，企业把已发生的资本性支出转移到产品成本费用中去，然后通过产品的销售，逐步回收初始的或资费用。

（4）修理费

与折旧费相比，修理费也包括在制造费用、管理费用、销售费用之中。为便于计算和进行经济分析，可以将以上各项成本中的修理费单独估算。修理费包括大修理费用和中小修理费用。在估算修理费时，一般无法确定修理费具体发生的时间和金额，可按照折旧费的百分比计算，该百分比可参照同行业的经验数据加以确定。

（5）维简费

维简费是指采掘、采伐工业按生产产品数量（采矿按每吨原矿产量，林区按每立方米原木产量）提取的固定资产更新和技术改造资金，即维持简单再生产的资金，简称维简费。

企业发生的维简费直接计入成本，其计算方法和折旧费相同。这类采掘、采伐企业不计提固定资产折旧。

（6）摊销费

摊销费是指无形资产和递延资产在一定期限内分期摊销的费用。无形资产和递延资产的原始价值要在规定的年限内，按年度或产量转移到产品的成本之中，这一部分被转移的无形资产和递延资产的原始价值称为摊销。

企业通过计提摊销费，回收无形资产及递延资产的资本支出。计算摊销费采用直线法，并且不留残值。计算无形资产摊销费的关键是确定摊销期限。无形资产应按规定期限分期摊销。法律、合同或协议规定有法定有效期和受益年限的，按照法定有效期或合同、协议规定的受益年限孰短的原则确定；没有规定期限的，按不少于10年的期限分期摊销。递延资产按照财务制度的规定在投产当年一次摊销。

（7）生产经营期利息

利息支出是指筹集资金而发生的各项费用，包括生产经营期间发生的利息净支出，即在生产经营期所发生的建设投资借款利息和流动资金借款利息之和。建设投资借款在生产期发生利息的计算公式为：

每年支付利息＝年初本金累计额×年利率

为简化计算，还款当年按年末偿还，全年计息。

流动资金的借款属于短期借款，利率较长期借款利率低，且一般为季利率，三个月计息一次。在工程经济分析中为简化计算，一般采用年利率，每年计息一次。流动资金借款利息计算公式为：

流动资金利息＝流动资金借款累计金额×年利率

需要注意的是，在生产经营期利息是可以计入成本的，因而每年计算的利息不再参与以下各年利息的计算。

（8）其他费用

其他费用是指在制造费用、管理费用、财务费用和销售费用中扣除工资及福利费、折旧费、修理费、摊销费和利息支出后的费用。

在工程经济分析中，其他费用一般可根据成本中的原材料成本、燃料和动力成本、工资及福利费、折旧费、修理费、维简费及摊销费之和的一定百分比计算，并按照同类企业的经验数据加以确定。将上述各项合计，即得出运营期各年的总成本。

（二）工程经济分析中的有关成本

在工程经济分析中，经常涉及经营成本、固定成本和变动成本、沉没成本、机会成本等。

1. 经营成本

经营成本是总成本费用扣除折旧费、摊销费和利息支出以后的成本，反映产品生产经营和管理过程中的物料、能源动力和人力消耗，真实体现了企业经营管理水平的高低，是工程经济分析中的重要概念。

经营成本＝总成本费用－折旧费－维简费－摊销费－利息支出
　　　　＝外购原材料、燃料及动力费＋工资及福利费＋修理费＋其他费用

经营成本计算公式中之所以扣除折旧费、摊销费，是因为它们不属于现金流量。因为一般产品销售成本中包含固定资产折旧费用、维简费、无形资产及递延资产摊销费和利息支出等费用。在工程经济分析中，建设投资是计入现金流出的，而折旧费用是建设投资所形成的固定资产的补偿价值，如将折旧费用随成本计入现金流出，会造成现金流出的重复计算；同样，由于维简费、无形资产及其他资产摊销费也是建设投资所形成的，只是项目内部的现金转移，而非现金支出，故为避免重复计算也不予考虑。贷款利息是使用借贷资金所要付出的代价，对于项目来说是实际的现金流出，但在评价项目总投资的经济效果时，并不考虑资金来源问题，故在这种情况下也不考虑贷款利息的支出。

2. 固定成本和变动成本

固定成本是指在一定产量范围内，总成本中不随产品产量变化而变化的那部分成本，如总成本中的固定资产折旧费、无形资产和其他资产摊销费、计时工资等。

变动成本是指总成本中随着产品产量变化而发生变化的那部分成本，如总成本中的原材料和辅助材料费、燃料及动力费、计件工资等。

总成本费用＝固定成本＋变动成本

在项目经济分析中，将总成本分为固定成本和变动成本有助于客观地对不同产量下的成本进行比较。

3. 沉没成本

沉没成本是指过去已经支出而现在已无法得到补偿的成本。从决策的角度来看，沉没成本是以往发生的与当前决策无关的费用。以往发生的费用只是造成当前状态的一个因素，当前决策所要考虑的是未来可能发生的费用及所能带来的收益，不考虑以往发生的费用。如果将沉没成本纳入工程项目方案的总成本，则一个有利的方案可能因此变得不利，

一个较好的方案可能变为较差的方案，从而造成决策失误。因而在工程经济分析中引入沉没成本有助于排除与现在决策无关费用的干扰，确保分析决策的科学性。

4. 机会成本

机会成本是将资金用于特定投资项目时所放弃的用于其他投资项目可能带来的最大收益。当一种有限的资源具有多种用途时，可能有多种投入这种资源获取相应收益的机会，如果将这种资源置于某种特定用途，就必然要放弃其他投资机会，同时也放弃了相应的收益，在所放弃的机会中，最佳的机会可能带来的收益，就是将这种资源置于特定用途的机会成本。例如，新投资项目需要使用公司拥有的一块土地，在进行投资分析时，公司不必动用资金去购置土地，但仍必须将此土地的成本考虑在内。因为企业若不利用这块土地来进行项目投资，则可将土地移作他用并取得一笔收入，而这笔收入代表项目使用土地的机会成本。由上述内容可知，机会成本不是实际发生的支出，只是理论上的成本或代价，在进行项目决策时，充分考虑机会成本有助于提高资金使用效率，保证经济资源得到最佳利用。

三、折旧与摊销

折旧是指在固定资产的使用过程中，随着资产损耗而逐渐转移到产品成本费用中的那部分价值。从折旧的现金流转来看，它是以成本形式从收入中提取的用于补偿固定资产损耗的价值。折旧是一项非现金流出，但它是构成产品成本的一个重要组成部分。按照国家规定的折旧制度，企业把已发生的资本性支出转移到产品成本费用中去，然后通过产品的销售，逐步回收初始的投资费用。

固定资产每年的折旧额取决于折旧年限和折旧方法。《中华人民共和国企业所得税法实施条例》规定的与建设工程密切相关的固定资产折旧最低年限为：房屋、建筑物为 20 年；机器、机械和其他生产设备为 10 年；与生产经营活动有关的器具、工具、家具等为 5 年；电子设备为 3 年。按照国家有关规定，企业固定资产折旧方法可在税法允许的范围内由企业自行确定，一般采用年限平均法、工作量法、双倍余额递减法和年数总和法。

同样，无形资产和其他资产的原始价值需要在规定年限内转移到产品成本中，这种从成本费用中逐年提取部分资金补偿无形资产和其他资产价值损失的做法，叫作摊销。企业通过逐年计提摊销费用，回收无形资产和其他资产的原始价值。无形资产和其他资产摊销采用年限平均法，不留残值。

(一) 年限平均法

年限平均法亦称直线折旧法，是一种将固定资产耗损值（即固定资产原值－预计净残值）在规定的折旧年限内平均提取的折旧方法。即：

年折旧费＝（固定资产原值－预计净残值）/折旧年限

或

年折旧费＝［固定资产原值×（1－预计净残值率）］/折旧年限

上式中，固定资产原值由总投资中的建筑安装工程费、设备及工器具购置费、固定资产其他费用、预备费和建设期利息构成。预计净残值是指固定资产处于使用寿命终了时，企业预计从该项资产处置中获得的扣除处置费用后的余值。预计净残值率是指固定资产预计净残值与固定资产原值的比率，一般为 3%～5%。在项目经济分析中，折旧年限根据项目固定资产经济寿命期确定，固定资产残值较大，净残值率可取 10%。

(二) 工作量法

工作量法是按设备完成的工作量计提折旧的方法，属于年限平均法的派生，适用于各时期使用程度不同的专用大型机械、设备。

1. 按行驶里程计算折旧

单位里程折旧额＝［原值－（1－预计净残值率）］/规定总行驶里程

年折旧费＝单位里程折旧额×年行驶里程

2. 按工作小时计算折旧

每小时折旧额＝［原值×（1－预计净残值率）］/规定总工作小时

年折旧费＝每小时折旧额×年工作小时

工作量法把固定资产的效能与固定资产的使用程度联系起来，弥补了年限平均法的不足，但这种方法也具有一定局限性，即预计的总工作量难以估计，而且没有考虑无形损耗对固定资产服务潜力的影响，这种方法适合于各期完成工作量不均衡的固定资产折旧。

(三) 双倍余额递减法

双倍余额递减法是一种加速折旧的方法，其年折旧率是年限平均法的2倍，折旧基数为年初固定资产净值。

年折旧率＝2/折旧年限×100%

年折旧费＝年初固定资产净值×年折旧率

这里需要注意两点：一是双倍余额递减法折旧的基数是年初固定资产净值，即固定资产原值减去本年之前各年累计折旧费，因此，折旧的基数逐年减少；二是采用双倍余额递减法折旧，固定资产折旧年限到期前两年的折旧费计算应采用年限平均法，即以此时年初固定资产净值扣除预计净残值后的净额在最后两年平均摊销，以确保折旧年限内累计折旧总额恰好等于固定资产价值损耗额。

(四) 年数总和法

年数总和法也是一种加速折旧的方法，其折旧基数为固定不变，年折旧率逐年递减。

年折旧率＝尚可使用年限/折旧年限年数×100%

年折旧费＝（固定资产原值－预计净残值）×年折旧率

由上式可知，年数总和法的折旧率各年不相同，随着已使用年限的增加，年折旧率逐渐减少。

与年限平均法相比较，加速折旧方法具有如下特点：

①随着固定资产使用年限的推移，它的服务潜力下降了，它所能提供的收益也随之降低，所以根据配比的原则，在固定资产的使用早期多

提折旧，而在晚期少提折旧；

②固定资产所能提供的未来收益是难以预计的，早期收益要比晚期收益有把握一些，从谨慎原则出发，早期多提折旧、后期少提折旧的方法是合理的。；

③随着固定资产的使用，后期修理维护费用要比前期多，采用加速折旧法，早期折旧费用比后期多，可以使固定资产的成本费用在整个使用期内比较平均；

④企业采用加速折旧法并没有改变固定资产的有效使用年限和折旧总额，变化的只是在投入使用前期提的折旧多，后期提的折旧少，这一变化的结果推迟了企业所得税的缴纳，实际上等于企业从政府获得了一笔长期无息贷款。

四、营业收入与税费

（一）营业收入

营业收入是指以货币形式表示的项目销售产品或提供服务取得的收入，它是反映项目总量劳动成果的效益类指标。营业收入是项目建成投产后补偿成本、上缴税金、偿还债务、保证企业再生产正常进行的前提，它是进行利润总额、营业税金及附加和增值税估算的基础数据。营业收入计算公式为：

年营业收入＝产品销售单价×产品年销售量

营业收入的估算应在建设项目目标市场有效需求分析和制订项目运营计划的基础上进行，要根据项目的建设规模、产品和服务方案准确地确定目标市场，客观地分析市场潜力，还应根据技术成熟程度、市场开发程度、产品寿命期特征等因素，合理制订分年运营负荷计划。营业收入估算应确立合理的价格体系和选择合理的价格基点。在工程项目经济分析中，采用科学的预测销售单价，一般采用出厂价格，也可根据需要选用口岸价格或市场价格。

出厂价格＝产品计划成本＋产品计划利润＋产品计划税金

以上几种情况，当难以确定采用哪种价格时，在可供选择方案中选择价格最低的一种作为项目产品的销售价格。

在现实经济生活中，产品年销售量不一定等于年产量，这主要是因市场波动而引起库存变化导致产量与销售量的差别，工程项目经济分析中，难以准确地估算出由于市场波动引起的库存量变化。因此，在估算营业收入时，不考虑项目的库存情况，而假设当年生产出来的产品当年全部售出。这样，就可以根据项目投产后各年的生产负荷确定各年的销售量。

如果项目的产品比较单一，用产品单价乘以产量即可得到每年的营业收入；如果项目的产品种类比较多，要根据营业收入和营业税金及附加估算表进行估算，即应首先计算每一种产品的年营业收入，然后汇总在一起，求出项目运营期各年的营业收入；如果产品部分销往国外，还应计算外汇收入，并按外汇牌价折算成人民币，然后计入项目的年营业收入总额中。

（二）税金及附加

税金是企业根据国家税法规定向国家缴纳的各种税款，具有强制性、无偿性和固定性三个特征。在技术方案的经济效果评价中合理计算各种税费，是正确计算技术方案效益和费用的重要基础。技术方案经济效果评价涉及的税费主要包括消费税、增值税、资源税、土地增值税、城乡维护建设税和教育费附加、地方教育费附加等。

1. 增值税

增值税是以商品（含应税劳务）在流转过程中产生的增值额作为计税依据而征收的一种流转税。从计税原理上讲，增值税是对商品生产、流通、劳务服务中多个环节的新增价值或商品的附加值征收的一种流转税，是对销售货物或者提供加工、修理修配劳务及进口货物的单位和个人就其实现的增值额征收的一个税种。根据对外购固定资产所含税金扣除方式的不同，增值税可以分为生产型增值税、收入型增值税和消费型增值税。

增值税的纳税对象分为一般纳税人和小规模纳税人。一般纳税人是指生产货物或者提供应税劳务的纳税人，以及以生产货物或者提供应税劳务为主（纳税人的货物生产或提供应税劳务的年销售额占应税销售额的比重在50%以上）并兼营货物批发或零售的纳税人，年应税销售额超过500万元的；从事货物批发或者零售经营，年应税销售额超过500万元的。小规模纳税人是指从事货物生产或提供应税劳务的纳税人，以及以从事货物生产或者提供应税劳务为主（纳税人的货物生产或者提供劳务的年销售额占年应税销售额的比重在50%以上）并兼营货物批发或者零售的纳税人，年应税销售额在500万元以下的。

自2017年7月1日起，简并增值税税率结构；取消13%的增值税税率。当前，一般纳税人适用的税率有：销售货物或者提供加工、修理修配劳务及进口货物，提供有形动产租赁服务为16%，提供交通运输服务、农产品等适用10%；提供现代服务业服务（有形动产租赁服务除外）适用6%；出口货物等特殊业务适用零税率。

（1）对于一般纳税人

应纳税额＝当期销项税额－当期进项税额

销项税额＝销售额×税率

销售额＝含税销售额÷（1＋税率）

销项税额是指纳税人提供应税服务按照销售额和增值税税率计算的增值税税额。

进项税额是指纳税人购进货物或者接受加工修理修配劳务和应税服务，支付或者负担的增值税税额。

（2）对于小规模纳税人

应纳税额＝销售额×征收率

销售额＝含税销售额÷（1＋征收率）

2. 消费税

消费税是对工业企业生产、委托加工和进口的部分应税消费品按差别税率或税额征收的一种税。消费税是在普遍征收增值税的基础上，根据消费政策、产业政策的要求，有选择地对部分消费品征收的一种特殊的税种。

（1）从价定率法

应纳消费税＝应纳税消费品销售额×适用税率

＝销售收入（含增值税）÷（1＋增值税税率）×消费税税率

＝组成计税价格×消费税税率

（2）从量定额法

应纳消费税－销售数量×定额税率

3．资源税

资源税是我国境内开采应税矿产品和生产食盐的单位和个人，就其应税数量征收的一种税。目前，根据资源不同，资源税分别实行从价定率和从量定额的办法计算应纳资源税额。

对煤炭、原油、天然气、稀土、钨、钼以及列入资源税税目的金属矿、非金属矿、海盐等采用从价定率的方法征税。

应纳资源税额＝销售额×适用税率

对经营分散、多为现金交易且难以管控的黏土、砂石，按照便利征管原则，仍实行从量定额计征，即按照应纳税资源的产量乘以单位税额计算。

应纳资源税额＝纳税数量×单位税额

4．土地增值税

土地增值税是对有偿转让房地产取得的增值额征收的税种，房地产开发项目应按规定计算土地增值税。土地增值税按四级超率累进税率计算，公式如下：

土地增值税税额＝增值额×适用税率

适用税率根据增值额是否超过扣除项目金额的比率确定。

5．城乡维护建设税及教育费附加

城乡维护建设税是以纳税人实际缴纳的流转税额为计税依据征收的一种税。城乡维护建设税按照纳税人所在地区实行差别税率：项目所在地为市区的，税率为7%；项目所在地为县城、镇的，税率为5%；项目所在地为乡村的，税率为1%。

城市维护建设税以纳税人实际缴纳的增值税、消费税、营业税税额为计税依据，并分别与上述三种税同时缴纳。其应纳税额计算公式为：

应纳税额＝（增值税＋消费税＋营业税）×实纳税额×适用税率

教育费附加是为了加快地方教育事业的发展，扩大地方教育经费来源而征收的一种附加税。根据有关规定，凡缴纳消费税、增值税的单位和个人，都是教育费附加的纳税人。教育费附加伴随消费税、增值税同时缴纳，教育费附加的计征依据是各缴纳人实际缴纳的消费税、增值税的税额，征收率为3%，其计算公式为：

应纳教育费附加额＝（消费税＋增值税）×实纳税额×3%

6．地方教育费附加

地方教育费附加应专项用于发展教育事业，通常是由实际缴纳的增值税额和消费税额的总和乘以2%确定，其计算公式为：

应纳地方教育费附加额＝（消费税＋增值税）×实纳税额×2%

五、利润

（一）利润总额

利润总额是企业在一定会计期间的生产经营活动所获得的最终财务结果。它反映了企业经济活动的效益，是衡量企业经营管理活动水平和经济效益的重要指标。

现行会计制度规定，利润总额等于营业利润加上投资净收益、补贴收入和营业外收支净额的代数和。其中，营业利润等于主营业务收入减去主营业务成本和主营业务税金及附加，加上其他业务利润，再减去营业费用、管理费用和财务费用后的净额。在对工程项目进行经济分析时，为简化计算，在估算利润总额时，假定不发生其他业务利润，也不考虑投资净收益、补贴收入和营业外收支净额，本期发生的总成本等于主营业务成本、营业费用、管理费用和财务费用之和，并且视项目的主营业务收入为本期的销售（营业）收入，主营业务税金及附加为本期的营业税金及附加。利润总额的估算公式为：

利润总额＝产品销售（营业）收入－营业税金及附加－总成本费用

根据利润总额可计算所得税和净利润，在此基础上可进行净利润的分配。在工程项目的经济分析中，利润总额是计算一些静态指标的基础数据。

（二）所得税计算

根据税法的规定，企业取得利润后，应先向国家缴纳所得税，即凡在我国境内实行独立经营核算的各类企业或者组织者，其来源于我国境内、境外的生产、经营所得和其他所得，均应依法缴纳企业所得税。

企业所得税以应纳税所得额为计税依据。

纳税人每一纳税年度的收入总额减去准予扣除项目的余额，为应纳税所得额。

纳税人发生年度亏损的，可用下一纳税年度的所得弥补；下一纳税年度的所得不足以弥补的，可以逐年延续弥补，但是延续弥补期最长不得超过 5 年。

企业所得税的应纳税额计算公式如下：

所得税应纳税额＝应纳税所得额×25％

在工程项目的经济分析中，一般按照利润总额作为企业所得，乘以25％税率计算所得税，即：

所得税应纳税额＝利润总额×25％

（三）净利润分配

利润是企业生产经营活动最终成果的体现，追求利润最大化是投资者的主要经济目标，评价投资项目经济效益应以利润为主要依据。技术经济分析中涉及的利润包括利润总额和净利润。

利润总额＝营业利润＋投资净收益＋营业外收支净额

其中

营业利润＝营业收入－销售税金及附加－营业成本－管理费用－销售费用－财务费用

净利润是指利润总额扣除所得税后的差额，计算公式为：

净利润＝利润总额－所得税

在工程项目的经济分析中，一般视净利润为可供分配的净利润，可按照下列顺序分配。

①弥补公司以前年度亏损。公司的法定公积金不足以弥补以前年度亏损的，在依照规定提取法定公积金之前，应当先用当年利润弥补亏损。

②提取盈余公积金。企业当期实现的净利润加上年初未分配利润（或减去年初未弥补的亏损）和其他转入的余额为可供分配的利润。从可供分配的利润中提取的盈余公积金分为两种：一是法定盈余公积金，一般按当期实现净利润的10％提取，累计金额达到注册资本的50％后，可以不再提取；二是法定公益金，按当期实现净利润的5％～10％提取。提取的法定公益金用于弥补亏损，扩大公司经营（公益金追加投资），增加公司注册资本（公益金追加注册资本，但留存的该项公益金不得少于转增前公司注册资本的25％）。

③向投资者分配利润或股利。可供分配的利润减去应提取的法定盈余公积金、法定公益金等后，即为可供投资者分配的利润。此时，企业应首先支付优先股股利，然后提取任意盈余公积金（比例由企业自主决定），最后支付各投资方利润。

④未分配利润。可供投资者分配利润减去优先股股利、任意盈余公积金和各投资方利润后，所余部分为未分配利润。企业未分配的利润（或未弥补的亏损）可留待以后年度进行分配，在资产负债表的所有者权益项目中单独反映。

第二节　工程经济评价指标

一、经济评价指标概述

工程经济评价指标是投资项目经济效益或投资效果的定量化及其直观的表现形式。它通常是通过对投资项目所涉及的费用和效益的量化和比较来确定的。只有正确地理解和适当地应用各个评价指标的含义及其评价准则，才能对投资项目进行有效的经济分析，并作出正确的投资决策。

在建设项目财务评价中，为了从不同角度衡量建设项目的经济效果，设计了多种评价指标。这些评价指标从不同角度可以有不同的分类，一般分为以下三类。

第一类，从是否考虑资金的时间价值划分，可以分为静态评价指标和动态评价指标。静态评价指标不考虑时间因素，忽略资金运动中的增值作用；动态评价指标则需要考虑时间因素，在评价指标的计算过程中必须把资金时间价值计算进去。静态评价指标计算简单，但因其忽略了资金时间价值，所以反映方案的经济效益不准确，一般只作为辅助指标使用。动态评价指标虽然计算烦琐，但因其考虑了资金的增值规律，准确反映了方案的经济效益情况，所以是常用的评价指标。

第二类，从评价指标性质来分，可以分为时间性评价指标、比率性评价指标和价值性评价指标。时间性评价指标以时间来衡量方案的经济效益情况，价值性评价指标以货币（价值量）来衡量方案经济效益的大小，比率性评价指标反映方案消耗或占用资源的使用情况。

第三类，从评价指标的目的来分，可以分为盈利能力指标、偿债能力指标、财务生存能力指标。

二、经济评价指标计算

（一）静态评价指标

1. 静态投资回收期

静态投资回收期是指在不考虑资金时间价值的情况下，以项目的净收益收回项目全部投资所需要的时间，又称返本期。这里所说的全部投资既包括固定资产投资，也包括流动资金投资。

静态投资回收期可根据项目现金流量表计算，一般以年为单位，自项目建设开始年算起，也可以从项目投产年开始计算，但需要予以说明。

静态投资回收期指标的优点是经济意义明确、直观，简单易用，在一定程度上反映项目的经济性，而且反映项目风险的大小。缺点是该指标只考虑投资回收之前的效果，不能反映收回投资之后的经济效益情况，另外，没有考虑资金的时间价值。

因此，静态投资回收期指标一般仅用于方案评价，不能直接用于方案比选。

2. 投资收益率

投资收益率是指项目达到设计能力后正常的年净收益与项目投资总额的比率，它表明投资项目正常生产年份中，单位投资每年所创造的年净收益额；对生产期内各年份净收益额不同的方案，可计算生产期年平均净收益额与投资总额的比率。

3. 利息备付率

利息备付率是指项目在借款偿还期内各年可用于支付利息的税前利润与当期应付利息费用的比值。

4. 偿债备付率

偿债备付率指项目在借款偿还期内，各年可用于还本付息的资金与当期应还本付息金额的比值。

偿债备付率可按年计算，也可按项目的整个借款期计算。

偿债备付率表示可用于还本付息的资金偿还借款本息的保证倍率。正常情况下应大于1，且越高越好。当它小于1时，表示当年资金来源不足以偿付当期借款本息，需要通过其他融资管道偿还已到期借款本息。

5. 资产负债率

资产负债率是反映项目所面临财务风险程度的指标，也就是反映项目利用债权人提供资金进行经营活动的能力，并反映债权人发放贷款的安全程度。分析一个项目的总体偿债能力，主要是为了确定该项目债务本息偿还能力。

资产负债率越低，项目偿债能力越强。但是资产负债比率的高低还反映了项目利用负债资金的程度，因此该比率水平应适当。若过高，项目财务风险变大；若过低，则降低股本收益率。

（二）动态评价指标

1. 净现值

净现值（NPV）是指把项目整个计算期内各年的净现金流量，按照一个给定的折现率，折算到计算期期初的现值之和。净现值是考察项目在其计算期内盈利能力的主要动态评价指标。

在项目经济评价中，若NPV≥0，则该方案在经济上可以接受；若NPV＜0，则该方案在经济上不可以接受。若将项目计算期内现金流量折算到项目期末，则称为净将来值（NFV），判别准则与净现值相同。

净现值指标的优点是考虑了资金时间价值和方案在整个寿命期内的费用和收益情况；它直接以金额表示方案投资的收益大小，比较直观。净现值指标的不足在于计算净现值必须首先确定一个基准收益率，而基准收益率的确定往往比较困难，净现值指标反映的是项目投资的绝对效果，没有体现单位投资的使用效率。

2. 净年值

净年值（NAV）也常称净年金，是指将项目计算期内各年净现金流量按照给定的基准折现率等额分摊到计算期内各年的价值。

用净现值和净年值对同一项目进行评价，结论是一致的。它们是等效指标，NAV≥0，方案可行；NAV＜0，方案不可行。一般在项目经济评价中，对于寿命不相同的多个方案进行优选时，净年值比净现值有独到的简便之处。

3. 费用现值和费用年值

（1）费用现值和费用年值的定义

在对多个方案比较选优时，如果诸方案产出价值相同，或者诸方案能够满足同样的需求，但其产出效益难以用货币形式计量（如环保、教育、保健、国防类项目）时，可以通过对各方案费用现值（PC）和费用年值（AC）的比较进行选择。

（2）费用现值和费用年值的判别准则

费用现值和费用年值方法是建立在如下假设基础上的：参与评价各方案是可行的，方案的产出价值相同，或者各方案能够满足同样的需要，但是其产出难以用价值形态（货币）计量，费用现值和费用年值指标只能用于多个方案的比选，不能用于单个方案评价。其判别准则是：费用现值或费用年值最小的方案为最优方案。费用现值和费用年值一般用于多项目间比选，不用于单个项目的经济评价。

4. 净现值率

净现值率（NPVR）又称净现值指数，是指项目的净现值与投资现值总额的比值。

净现值率表明单位投资的盈利能力或资金的使用效率，它是与静态投资收益率相对应的评价指标，因此也称动态投资收益率。若为单一方案的经济评价，NPVR≥0，则认为该方案可以接受。

净现值是指标仅反映一个项目所获净收益现值的绝对量大小，而没有考虑所需投资的使用效率。净现值大的方案，其净现值率不一定也大。因此，在多方案的评价与优选中，净现值率大者优先。

5. 内部收益率

（1）内部收益率的定义

前面分析中，由净现值函数曲线与横轴的交点可以找到对应的收益率值，这个收益率值是项目净现值由正变负的临界点，因此，这个项目净现值为零的收益率称为内部收益率，简称 IRR。

（2）内部收益率的计算方法

当各年的净现金流量不等，且计算期较长时，求解 IRR 是较烦琐的。一般来说，求解 IRR 有插值法和计算机工具计算法两种方法。

①插值法。对计算期不长、生产期内年净收益变化不大的项目，又有复利系数表可利用的情况下，并不十分困难。

②计算机工具计算法。对于复杂的项目，采用试演算法求内部收益率很费时间，需经过多次试算才能成功。若利用计算机专业软件求解，就十分容易。

（3）内部收益率的经济含义

内部收益率实际上是投资方案占用的尚未回收的资金的获利能力，是项目到计算期末正好将未收回的资金全部收回来的折现率，它只与项目本身的现金流量有关，取决于项目内部，故有“内部收益率”之称谓。对于一个项目来说，如果折现率取其内部收益率，则该方案在整个计算期内的投资恰好得到全部回收，净现值等于零。也就是说，该方案的动态投资回收期等于方案的计算期。内部收益率越高，一般来说，该方案的投资效益就越好。

（4）内部收益率的优缺点

内部收益率指标的优点是它被认为是项目投资的盈利率，反映了投资的使用效率，概念清晰、明确。相比起净现值或净年值，各行各业实际经济工作者更喜欢采用内部收益率；同时，计算 IRR 指标无须事先给定基准折现率，内部收益率是由项目内部现金流计算出来的。缺点是内部收益率指标计算烦琐，并且多于计算期内净现金流序列符号变化多次的非常规项目，存在多解、无解的现象；内部收益率指标只能进行单方案经济评价，不能用于方案间的比选。

三、经济评价指标的比较与选择

（一）经济评价指标间的关系

1. 静态评价指标与动态评价指标间的关系

静态评价指标与动态评价指标是按计算中是否考虑资金时间价值来

划分的。动态评价指标反映评价方案投资效益大小的“真实”程度要比静态指标好。

对于多个方案的经济比较与选择，采用静态投资回收期与动态投资回收期两个指标，评价结论是一致的。但是用于单方案投资决策时，两个指标的结论未必一致。

2. 时间性评价指标与比率性评价指标间的关系

可以证明，对于初始投资、每年净收益为等额的技术方案而言，其投资回收期与简单投资收益率和内部收益率为倒数关系。这说明时间性评价指标实际上也表示比率的意义，故有人将时间性评价指标和比率性评价指标统称为效率指标。

3. 投资回收期、净现值与内部收益率的关系

可以证明，在技术方案投资决策时，采用投资回收期、净现值与内部收益率指标评价结果是一致的。但当用于多方案经济比较与选择时，用净现值和内部收益率两指标评选，结果未必一致。

（二）经济评价指标的选择

经济评价指标的应用，一是用于单一方案投资经济效益的大小与好坏的衡量，以决定取舍；二是用于多方案经济性优劣的比较，以决定方案选优。

技术方案投资经济评价指标的选择，应根据技术方案的具体情况、评价的主要目标、指标的用途和决策者最为关心的问题进行。由于技术方案投资的经济效益是一个综合概念，必须从不同的角度去衡量才能清晰、全面。因此，做技术方案经济评价，应尽量考虑一个适当的评价指标体系，避免用某一两个指标来判断方案投资的经济性。

净现值指标反映了技术方案投资所获得净收益的现值价值大小，它的极大化与企业经济评价目标是一致的。因此，净现值是技术方案经济评价时最常用的首选评价指标，并且常用来检验其他评价指标。但该指标的使用也有局限性，使用时应满足使用条件。

第三节 多方案的比较与选择

一、项目方案类型

在工程经济分析中，项目方案是指一种投资的可能性，包括单一方案经济评价和多方案比选，其核心思想是通过选择适当的经济评价方法和指标，对各个备选方案的经济效益进行比较，哪个方案更经济，成本费用更低，最终选择出最佳投资方案。对工程项目方案进行经济评价，通常会有两种情况：一种是单方案评价，即投资项目只有一种技术方案或独立的项目方案可供评价；另一种是多方案评价，即投资项目有若干个可供选择的备选方案。对单方案的经济评价，通常采用前面介绍的经济评价指标就可以决定项目的取舍。与单方案经济评价相比，多方案的比较和选择更复杂，由于不同投资方案投资、收益、费用及方案的寿命期都不相同，并且方案间还可能存在一定联系，这使得我们在单一方案分析中所得出的一些结论不能直接用于多方案的比较和选择。多方案比较和选择前首先应明确备选方案间的相互关系，确定备选方案的类型，选用合理的评价方法和评价指标进行多方案的比较和选择。

（一）独立型方案

独立型方案是指备选方案间互不干扰、在经济上互不相关的技术方案，即这些技术方案是彼此独立无关的，选择或者放弃其中一个技术方案，并不影响其他技术方案的选择。显然，单一方案是独立型方案的特例。对独立型方案的评价选择，其实质就是在“做”与“不做”之间进行选择。因此，独立型方案在经济上是否可行取决于技术方案自身的经济性，即技术方案的经济指标是否达到或超过了预定的评价标准或水平。因此，只需通过计算技术方案的经济指标，并按照指标的判别准则加以检验就可做到。这种对技术方案自身的经济性检验叫作“绝对经济效果检验”。若技术方案通过了绝对经济效果检验，就认为技术方案在经济上是可行的，可以接受；否则，应予拒绝。

（二）互斥型方案

互斥型方案又称排他型方案，在若干备选技术方案中，各个技术方案彼此可以相互替代，因此技术方案具有排他性，选择其中任何一个技术方案，则其他技术方案必然被排斥。互斥性使得我们在若干个备选方案中只能选择一个技术方案实施，因此需要通过方案间比选，选择经济效果最优的方案。互斥型方案经济评价包括两个部分：一是考察各个技术方案自身的经济效果，即进行“绝对经济效果检验”；二是考察哪个技术方案相对经济效果最优，即“相对经济效果检验”。两种检验的目的和作用不同，通常缺一不可，这样才能确保所选技术方案不但最优而且可行。

需要注意的是，在进行相对经济效果检验时，不论使用哪种指标，都必须满足方案可比条件，包括方案在满足需要、消耗费用、价格指标、时间等方面的可比性。

1. 满足需要的可比性

满足需要的可比性是指比较方案应满足相同的需要。需要的可比性分为两个层次，一是方案间功能质量可比，如住宅与厂房不具有可比性，因为两者满足不同的功能，比较其单位建筑面积造价孰高孰低没有意义；又如北方住宅与南方住宅单位造价不可比，因为北方住宅要求有更高的保温功能要求。二是功能指标数量可比，如直接比较一条过江隧道与一座跨江大桥投资高低没有意义，因为尽管两者功能相同（均为通行车辆），但功能水平（通行车辆能力）未必相同。

2. 满足消耗费用的可比性

满足消耗费用的可比性是指比较方案的消耗费用不仅应考虑方案的全部社会劳动消耗，还应考虑全寿命社会消耗；不仅要考虑建设投资，还要考虑流动资金投入。只有这样才具有可比性。

3. 满足价格指标的可比性

满足价格指标的可比性要求考虑价格的合理性和时效性。我国某些原材料或商品的价格未与国际市场接轨，在比较方案时，必须进行价格修正，使对比方案在相同、合理的价格基础上进行比较。另外，价格具有时效性，不同时期价格水平不同，应注意剔除价格水平影响，使价格具有可比性。

4. 满足时间上的可比性

满足时间上的可比性，一是要求比较方案具有相同的计算期，不同技术方案的比较应该采用相等的计算期作为比较基础；二是比较方案具有相同的时间点，应该考虑资金投入时间先后产生的影响，不同时间点发生的现金流量不能直接相加。

(三) 相关方案

相关方案是指在多个方案之间除去上述两种情形之外的类型，表现为方案之间相互影响而又不能完全替代。如果接受（或拒绝）某一方案，会改变其他方案的现金流量，或者接受（或拒绝）某一方案，会影响其他方案的接受（或拒绝）。

两种典型的相关型方案如下。

1. 资金约束型

在对投资方案进行评价时，如果没有资金总额的约束，各方案具有独立性，但在资金有限的情况下，接受某些方案则意味着不得不放弃另外一些方案，这也是方案相关的一种类型，即资金约束型。

2. 现金流相关型

如果若干方案中，任一方案的取舍会导致其他方案的现金流量的变化，这些方案间就具有相关性，属于现金流相关型。

(四) 混合方案

混合方案是指备选方案中，方案间部分互斥，部分独立，方案之间的关系是几种类型的混合。如某房地产开发集团，在深圳、上海、北京的分公司分别有一个开发项目，项目目标市场互不影响、相互独立；每个开发项目又有若干个开发方案，开发方案间互相排斥，此时，集团面临的决策问题属于混合方案选择。

二、独立型方案的比选

独立型方案评价可将每个方案作为单一方案进行评价，方案之间彼此独立，评价结果互不干扰。单一方案是独立型方案的特例。独立型方案评价的实质是在“可行”与“不可行”之间进行选择。独立型方案是否可行取决于方案自身的经济性。具体的方法就是计算方案的经济效果指标，并按照判别准则进行判断即可，这种对方案自身经济性的检验叫作“绝对经济效果检验”。对独立型方案而言，若方案通过了绝对经济效果检验，就认为方案在经济上是可行的，否则应予以拒绝。由于一方案的入选不影响其他方案的取舍，因此，如果企业可利用的资金足够多，即无资金约束，此时，方案选择方法与单个方案的评价方法是一致的，只要分别计算各方案的财务净现值（FNPV）或财务内部收益率（FIRR），选择所有 NPV≥0 的项目即可。

独立型方案的比选是将每个方案作为单一方案进行评价，也可以理解为将每个方案与不做投资的“0”方案比较。其实质是看方案是否达到或超过了预订的评价准则，具体方法是计算方案的经济效果指标，并按照判别准则进行判断即可。若方案通过了绝对经济效果检验，就认为方案在经济上是可行的，否则予以拒绝。

独立方案评价基本的步骤如下：

（1）通过技术方案分析，列出方案的现金流量表（现金流量图）；

（2）选定并计算方案经济效果评价指标，一般常用的评价指标有投资回收期、净现值、净现值率、内部收益率、净年值等；

（3）判断评价指标值是否达到或超过预订的评价准则；

（4）对方案是否可行给出结论。

三、互斥型方案的比选

考虑互斥型方案时间上的可比性，可将互斥型方案比选分为寿命期相同的互斥型方案比选和寿命期不同的互斥型方案比选两种。

（一）寿命周期相同的互斥型方案比选

对于计算期相同的互斥型方案，计算期通常设定为其寿命期，这样能满足在时间上具有可比性。这类方案的选择，除能够采用前面介绍的净现值、费用现值、净年值、费用年值等比较法外，还能通过方案间的两两对比，进行差额分析。

在实际应用中，净现值、净年值、投资回收期、内部收益率等评价指标都可用于差额分析，计算两方案间的差额效果。

1．差额净现值

对于互斥型方案，利用不同方案的差额现金流量来计算分析的方法，称为差额净现值法。

当有多个互斥型方案进行比较时，为了选出最优方案，需要将各个方案进行两两比较。当方案很多时，这种比较就显得很烦琐。在实际分析中，可采用简化方法来减少不必要的比较过程。对于需要比较的多个互斥型方案，首先将它们按投资额大小顺序排列，然后从小到大进行比较。每比较一次就淘汰一个方案，从而可大大减少比较次数。

需要注意的是，差额净现值只能用来检验差额投资的效果，或者说是相对效果。差额净现值大于零只表明增加的投资是合理的，并不表明全部投资是合理的。因此，在采用差额净现值法对方案进行比较时，首先必须保证比选的差额方案都是可行方案。

实际工作中应根据具体情况选择比较方便的比选方法，当有多个互斥型方案时，直接用净现值最大准则选择最优方案比两两比较的差额分析更为简便，分别计算各备选方案的净现值，根据净现值最大准则选择最优方案可以将方案的绝对经济效果检验和相对经济效果检验结合起来，判别准则可表述为：净现值最大且非负的方案为最优方案。

2．差额投资内部收益率

所谓差额投资内部收益率，是用复利法计算的两个方案效益相同时的折现率，或者是差额投资所获取的收益净现值为零时的折现率。

与差额净现值法类似，差额投资内部收益率只能说明增加投资部分的经济性，并不能说明全部投资的绝对效果。因此，采用差额投资内部收益率法进行方案评价时，首先必须判断被比选方案的绝对效果，只有在某一方案的绝对效果检验通过的情况下，才能作为比选对象。

3. 差额投资回收期

差额投资回收期是指用差额净收益（或成本节约额）补偿差额投资所需要的时间。

实际分析中，往往是投资大的方案年经营成本低、年净收益高。若计算得到的差额投资回收期小于基准投资回收期，说明追加的投资经济效益好，选择投资大的方案；若计算得到的差额投资回收期大于基准投资回收期，说明追加的投资不经济，选择投资小的方案。

（二）寿命周期不同的互斥型方案比选

当备选方案具有不同的计算期时，由于方案间不具有可比性，不能直接采用净现值法、投资内部收益率、投资回收期法进行方案比选。因此，需要采取方法，使备选方案具有时间上可比的基础。建立时间可比的方法有净年值法和净现值法，净现值法包含研究期法和最小公倍数法。

1. 净年值法

净年值法是分别计算各备选方案净现金流量的等额净年值（NAV），并进行比较，选择 NAV≥0 且 NAV 最大者为最优方案。净年值法是以“年”为时间单位比较各方案的经济效果，从而使计算期不等的互斥型方案间具有时间的可比性。

用净年值法进行计算期不同互斥型方案的比选，实际上隐含着这样一个假定：各方案在其计算期结束时可按原方案重复实施。由于一个方案在其重复期内，等额净年值不变，故不管方案重复多少次，计算方案一个计算期的等额净年值就可以了。因此，可以说净年值法就是比较期确定后的净年值比较法。鉴于净年值法只需计算一个计算期，故采用净年值法计算最为简便。

2. 净现值法

采用净现值法进行方案比选时，必须考虑时间的可比性，即在相同的计算期内比较净现值大小，因此需要将各个方案不同的计算期转化为相同的计算期，常用的方法有最小公倍数法和研究期法。

(1) 最小公倍数法

最小公倍数法是以各备选方案计算期的最小公倍数为比较期，假定在比较期内各方案可重复实施，现金流量重复发生，直至比较期结束。这样，各备选方案具有相同的比较期，具备时间上的可比基础，可以采用前述的净现值比较法、净年值比较法等进行互斥方案选择。

客观地讲，当最小公倍数不大时，考虑技术进步和通货膨胀两种因素作用，现金流量重复发生假定基本符合实际。这是因为技术进步使价格不断下降，而通货膨胀使价格不断上升，两者相互抵消。但当最小公倍数很大时，假定比较期内各方案现金流量重复发生就严重脱离实际了。另外，对于某些不可再生资源开发项目，方案可重复实施假定本身就不成立，当然无法采用最小公倍数法进行方案比选，因此，最小公倍数法仅能用于可重复实施的、技术更新不快的产品和设备方案。

(2) 研究期法

研究期法是针对寿命期不同的互斥型方案，直接选取一个适当的分析期作为各个方案共同的计算期，通过比较各个方案在该研究期内的净现值大小来对方案进行比选，以净现值最大的方案为最佳方案。

研究期的确定一般以互斥型方案中年限最短方案的计算期作为互斥型方案评价的共同研究期，计算简便，可以完全避开方案可重复实施假设。具体操作时，也可以选择最长方案的计算期或选择所期望的计算期为共同研究期。

对于计算期短于共同研究期的方案，仍可假定其计算期完全相同地重复延续，也可按新的不同的现金流量序列延续，需要注意的是，对于计算期比共同研究期长的方案，要对其在研究期之后的现金流量余值进行估算，并回收余值，该项余值估算的合理性和准确性，对方案比选结论有一定影响。

研究期有效弥补了最小公倍数法的不足，适用于技术更新较快产品和设备方案的比选，但比较期余值确定的合理性及准确性对方案比选结论有一定影响，应引起重视。

四、相关方案的比选

相关方案是指除互斥方案、独立方案和混合方案以外的方案，具体包括现金流量相关方案、资金有限相关方案等。

（一）现金流量相关方案比选

现金流量相关方案是指各方案的现金流量之间存在相互影响，方案之间的关系既不完全排斥，也不完全互补，但若干方案中任一方案的取舍都会导致其他方案现金流量的变化，这些方案之间存在相关性。

对于现金流量相关方案，首先应确定方案之间的相关性，对其现金流量之间的相互影响作出准确的估计，然后根据方案之间的关系，把方案组合成互斥的组合方案，最后按照互斥方案的评价方法对组合方案进行比选。

（二）资金有限相关方案比选

如果企业可利用资金有限，无法满足上述选出的全部项目的需要，就形成了资金约束条件下的独立型方案选择问题。因此，在资金有限的情况下，如何选择最合理、最有利的方案，使有限资金最大限度地发挥经济效益成为决策者面临的常见问题。常用的方法有构建互斥方案组合法和效率指标排序法。

（三）从属相关方案比选

如果两个或多个方案之间，某个方案的实施要求以另一个方案（或另几个方案）的实施为条件，则两个方案之间具有从属性。例如，项目施工与前期施工现场的三通一平之间就有从属性。

五、混合方案选择

当方案组合中既有互斥型方案，也包含独立型方案时，就构成了混合方案。比如企业多元化经营战略实施过程中，投资方向很多，这些投资方向就业务而言是相互独立的，而每个投资方向又可能有若干个可供选择的方案，这些方案间是互斥的，像这样的方案选择就是混合方案的选择。混合方案的特点就是在分别决策的基础上，研究系统内部诸方案间的相互关系，从中选择最优的方案组合。

第四节 国民经济评价

一、国民经济评价概述

（一）国民经济评价的定义和作用

国民经济评价是在资源合理配置和社会经济可持续发展的前提下，从国家经济整体利益的角度出发，用影子价格、影子汇率和社会折现率等经济参数分析、计算项目对国民经济带来的贡献，评价项目在宏观经济上的合理性。

国民经济评价是针对项目所进行的宏观效益分析，其主要目的是实现社会资源的优化配置和有效利用，保证国民经济能够可持续地稳定发展。国民经济评价的作用主要体现在以下几个方面。

1. 从宏观上保证国家资源的合理配置和有效利用

通过国民经济评价，可以从宏观上引导国家对有限的资源进行合理配置，鼓励和促进那些对国民经济有正面影响的项目的发展，而相应抑制和淘汰那些对国民经济有负面影响的项目。

2. 真实反映项目对社会经济的净贡献

财务评价主要是从投资人（企业）角度考察项目的经济效果，但企业与国家利益不完全一致，项目的财务营利性可能难以全面、正确地反映项目的经济合理性，例如，国家给予项目的补贴，企业向国家缴税，某些货物的市场价格可能扭曲以及项目的外部效果。项目国民经济评价可以正确反映项目的经济效果和对社会福利的贡献。

3. 国家对项目审批或核准的重要依据

国家对项目审批和核准的重点放在项目的外部效果、公共性方面，国民经济评价强调从资源配置经济效率的角度分析项目的外部效果，从而判断建设项目的经济合理性。所谓外部效果，是企业或个人的行为对活动以外的企业或个人造成的影响，而该影响的行为主体又没有负担相应的责任或获得应有报酬的现象。外部效果可以是积极的，也可以是消极的。通过国民经济评价，可以分析各利益相关者为项目付出的代价及获得的收益，为国家审批或核准项目提供依据，使投资决策科学化。

（二）国民经济评价的范围和内容

在市场经济足够发达的条件下，依赖市场调节的行业项目，政府不必参与具体的项目决策，而由投资者通过财务评价自行决策，项目的生存与发展完全由市场竞争机制所决定，因此这类项目不必进行国民经济评价。但是在现行的经济体制下，有些行业不能由市场力量自行调节，需要由政府行政干预，这类行业的建设项目需要进行国民经济评价。

需要进行国民经济评价的项目主要有：

（1）国家及地方政府参与投资的项目，国家给予财政补贴或者减免税费的项目；

（2）主要的基础设施项目，包括铁路、公路、市政工程、水利电力项目；

（3）国家控制的战略性资源开发项目；

（4）涉及自然环境保护、生态环境保护的项目，动用社会资源和自然资源较多的大型外商投资项目；

（5）主要产出物和投入物的市场价格严重扭曲，不能反映资源真实价值的项目等。

国民经济评价的主要工作包括：识别国民经济的费用和效益、测算和选取影子价格、编制国民经济评价报表、计算国民经济评价指标并进行方案比选。

（三）国民经济评价与财务评价的关系

国民经济评价和财务评价是建设项目经济评价的两个层次，它们既有联系，又有区别。

1. 两者相同点

(1) 评价目的相同

国民经济评价和财务评价都是以经济效益最优为目的，寻求以最小的投入获得最大的产出的项目。

(2) 评价基础相同

国民经济评价和财务评价都是在完成了产品需求预测、工程技术方案、资金筹措等可行性研究的基础上进行的，都使用基本的经济评价理论，即费用与效益比较的理论方法。

2. 两者区别

(1) 评价角度和基本出发点不同

财务评价是站在项目层次上，从项目的经营者、投资者、未来的债权人角度，分析项目和各方的收支和盈利状况及偿还借款能力，以确定投资项目的财务可行性。国民经济评价则是从国家和地区的层次上，从全社会的角度考察项目需要国家付出的代价和对国家的贡献，以确定投资项目的经济合理性。

(2) 费用、效益的划分不同

财务评价是根据项目直接发生的实际收支确定项目的效益和费用，凡是项目的货币支出都视为费用，税金、利息等也均计为费用；国民经济评价则着眼于项目所耗费的全社会有用资源与项目对社会提供的有用产品或服务的比较结果。由于项目的税金、国内借款利息和财政补贴等一般并不发生资源的实际增加和耗用，多是国民经济内部的“转付”，因此在国民经济评价中不列为项目的费用和效益。另外，国民经济评价还需考虑间接费用和间接效益。

(3) 采用的价格体系不同

财务评价使用实际的市场预测价格，国民经济评价则使用影子价格，它能够反映该资源的机会成本、供求关系以及资源稀缺程度，是在全社会范围内的真实经济价值。

(4) 主要参数不同

财务评价采用的汇率一般选用当时的官方汇率，折现率是因行业而异的基准收益率或最低可接受收益率。国民经济评价则采用国家统一测定和颁布的影子汇率和社会折现率。

（5）评价内容不同

财务评价不仅要进行盈利能力分析，还要进行清偿能力分析；而国民经济评价只做盈利能力分析，不做清偿能力分析。

3. 国民经济评价结论与财务评价结论的关系

由于财务评价和国民经济评价有所区别，虽然在很多情况下两者结论是一致的，但也有不少时候两种评价结论是不同的。下面分析同一项目分别进行财务评价和国民经济评价时，可能出现的四种情况及决策原则：

（1）财务评价和国民经济评价均可行的项目，应予通过；

（2）财务评价和国民经济评价均不可行的项目，应予否定；

（3）财务评价不可行，国民经济评价可行的项目，应予通过。但国家和主管部门应采取相应的优惠政策，如减免税、给予补贴等，使项目在财务上也具有生存能力；

（4）财务评价可行，国民经济评价不可行的项目，应该否定，或者重新设计方案后再进行评价。

二、国民经济效益与费用的识别

正确识别项目的费用和收益是项目经济评价正确性和科学性的必要前提。项目的效益是指项目对国民经济所做的贡献，分为直接效益和间接效益；项目的费用是指国民经济为项目付出的代价，分为直接费用和间接费用。在国民经济评价时既要考虑项目产生的直接效益和直接费用，又要考虑间接效益和间接费用。

（一）直接效益与直接费用

直接效益和直接费用可称为内部效果。直接效益是项目产出物直接生成并在项目范围内计算的经济效益。一般表现为：增加项目产出物或者服务的数量以满足国内需求的效益；替代其他相同或类似企业的产出物，使被替代企业减产或停产以减少国家有用资源耗费；增加出口或者减少进口，从而增加或者节支的外汇等。直接费用是项目使用投入物所产生并在项目范围内计算的经济费用，包括：其他部门为本项目提供投入物，需要扩大生产规模所耗费的资源费用；减少对其他项目或者最终消费投入物的供应而放弃的效益；增加进口或者减少出口，从而耗用或者减少的外汇等。此外，完全为新建生产性项目服务的商业、卫生、文教等生活福利设施的投资也应计入项目直接费用，这些生活福利设施所产生的效益，可视为完全体现在项目的直接效益中，一般不必单独核算。

（二）间接效益与间接费用

间接效益和间接费用可称为外部效果。间接效益是指项目对国民经济作出了贡献，但项目自身并未得益的那部分效益。比如建设一座水电站，它将产生诸如发电、防洪、供水等直接效益，同时也将带来养殖业等间接效益；而因为土地淹没导致农牧业遭受损失等引起间接费用。为了识别项目的间接效益和间接费用，可以考察以下几个方面。

1. 环境及生态影响

工程项目对自然环境和生态环境造成的污染和破坏，比如工业企业排放的“三废”对环境产生的污染，是项目的间接费用。这种间接费用要定量计算比较困难，一般可按照同类企业所造成的损失或者按恢复环境质量所需的费用来近似估算，若难以定量计算则应作定性说明。此外，某些工程项目，比如环境治理项目，对环境产生的影响是正面的，在国民经济评价中也应估算其相应的间接效益。

2. 对上、下游企业的影响

由于项目的实施往往会拉动上游企业（原材料供应或生产配套企业）发展，扩大规模，提升产能，同时也会使下游企业（使用该项目的产出物作为原材料和半成品的企业）的生产成本下降或使其闲置的生产能力得到充分利用，因此，项目的外部效果通过产业链的辐射作用会影响到上下游企业。

3. 技术扩散效果

建设一个具有先进技术的项目，由于人才流动、技术推广和扩散等原因，整个社会都将受益，但这类间接效益通常难以识别和定量计算，因此在国民经济评价中一般只作定性说明。

4. 乘数效果

乘数效果是指由于项目的实施而使与该项目相关的产业部门的闲置资源得到有效利用，进而产生一系列的连锁反应，带动某一行业、地区或全国的经济发展所带来的外部净效益。比如当国内钢材生产能力过剩时，国家可以投资修建铁路干线，从而就需要大量钢材，这就会使钢铁厂原来闲置的生产能力得到启用，使其成本下降，效益提高。同时由于钢铁厂的生产扩大，使得炼铁、炼焦以及采矿等部门原来剩余的生产能力得以利用，效益增加，由此产生一系列的连锁反应。

(三) 转移支付

转移支付是指项目的某些财务收益和支出只是在社会内部经济成员之间的货币转移，并没有带来社会资源的实际增加或减少，不计入项目的国民经济效益与费用。

转移支付主要有以下几种形式。

1. 税金

税金是工程项目的费用支出，在进行财务评价时需从收入中扣除。但从国家的角度，税金作为国家财政收入的主要来源，并未增加或减少国民收入，只是企业的这笔货币转移到政府手中，是国家进行国民收入二次分配的重要手段，因此在国民经济评价中，税金只是一种转移支付，不能计为国民经济评价中的费用或效益。

2. 补贴

补贴是国家为了支持和鼓励某些项目投资而进行的货币转移，包括价格补贴、出口补贴等。补贴虽然使工程项目财务收益增加，但同时也使国家财政支出增加，实质上仍然是国民经济中不同实体间的货币转移，整个国民经济并没有发生变化。因而，补贴不作为国民经济评价中的费用或收益。

3. 国内贷款利息

国内贷款利息被项目投资人视为费用，但对于国民经济评价来说，它表示项目对国民经济的贡献有一部分转移到了国内银行或金融机构，社会实际资源并未增加或减少。因此，在进行国民经济评价时，国内贷款利息也是一种转移支付。

4．折旧

折旧是会计意义上的生产费用要素，是从收益中提取的部分资金，与实际资源的消耗无关。在项目经济分析时已将固定资产投资所耗用的资源视为项目的投资费用，折旧是投资形成的固定资产在再生产过程中价值转移的一种方式。因此，不能将折旧计为国民经济评价中的效益或费用，否则就是重复计算。

三、国民经济评价参数

国民经济评价参数是指在工程项目经济评价中为计算费用和效益，衡量技术经济指标而使用的一些参数，主要包括社会折现率、影子汇率、影子工资和影子价格。

（一）社会折现率

社会折现率反映的是社会成员对社会费用效益价值的时间偏好，即对社会的现在价值与未来价值之间的权衡。社会折现率又代表社会投资所要求的最低动态收益率，理论上认为应该由社会投资机会成本决定，也就是由社会投资的边际收益率决定。

社会折现率根据影响社会经济发展的多种因素综合测定，由专门机构统一测算发布。它是对社会经济发展目标、发展战略、发展优先级、发展水平、宏观调控意图、社会成员的费用效益时间偏好、社会投资收益水平、资金供求状况、资金机会成本等因素进行综合分析的结果。我国目前的社会折现率一般取值为8%。对于永久性工程或者受益期超长的项目，例如，水利设施等大型基础设施和具有长远环境保护效益的建设项目，社会折现率可适当降低，但不应低于6%。

社会折现率取值的高低会影响项目经济可行性的判别结果。社会折现率较低，会使得一些经济效益不好的投资项目得以通过，使得能够投资的项目数量较多，总投资规模上升；社会折现率较高，会使得一些本来可以通过的投资项目达不到判别标准而被舍弃，从而使能够投资的项目数量减少，总投资规模下降。因此，社会折现率可以作为国家建设投资的间接调控参数。

（二）影子汇率

影子汇率是指能正确反映外汇真实价值的汇率，即外汇的影子价格。在国民经济评价中，影子汇率通过影子汇率换算系数计算。影子汇率换算系数是影子汇率与国家外汇牌价的比值，由国家统一测定和发布。根据我国外汇收支、进出口环节税费及出口退税补贴等情况，目前我国的影子汇率换算系数取值为1.08。

影子汇率的取值对于项目决策有着重要的影响。对于那些主要产出物是可外贸的建设项目，由于产品的影子价格要以产品的口岸价为基础计算，因此外汇的影子价格高低直接影响项目收益的高低，进而影响对项目效益的判断。影子汇率换算系数越高，外汇的影子价格越高，产品是可外贸货物的项目效益较高，评价结论就会有利于出口方案。同时，外汇的影子价格较高会导致项目引进投入物的方案费用较高，因此评价结论会不利于引进方案。

（三）影子工资

影子工资是指建设项目使用劳动力、耗费劳动力资源而使社会付出的代价。影子工资一般是通过影子工资换算系数计算。影子工资换算系数是影子工资与财务评价中劳动力的工资之比。技术性工作的劳动力工资报酬一般由市场供求决定，影子工资换算系数一般取1，即影子工资可等同于财务评价中使用的工资。根据我国非技术劳动力就业状况，非技术劳动力的影子换算系数为0.25～0.80，具体可根据当地的非技术劳动力供求状况确定。非技术劳动力较为富余的地区可取较低值，不太充裕的地区可取较高值，中间状况可取0.50。

（四）影子价格的确定

1. 市场定价货物的影子价格

（1）可外贸货物影子价格

项目使用或生产可外贸货物，将直接或间接影响国家对这种货物的进口或出口。原则上，对于那些对进出口有不同影响的货物应当分不同情况，采取不同的影子价格定价。为了简化工作，可以只对项目投入物中直接进口的和产出物中直接出口的货物，采取进出口价格测定影子价格。对于其他情况，仍按国内市场价格定价。

进口投入物的影子价格（到厂价）＝到岸价（CIF）×影子汇率＋进口费用

出口产出物的影子价格（出厂价）＝离岸价（FOB）×影子汇率－出口费用

其中，到岸价是指进口货物运抵我国进口口岸交货的价格，包括货物进口的货价、运抵我国口岸之前所发生的境外运费和保险费；离岸价是指出口货物运抵我国出口口岸交货的价格；进口费用和出口费用是指货物进出口环节在国内所发生的各种相关费用，既包括货物的交易、储运、再包装、短距离倒运、装卸、保险、检验等环节上的费用支出，也包括物流环节中的损失、损耗及资金占用的机会成本，还包括工厂与口岸之间的长途运输费用。

（2）非外贸货物影子价格

对价格完全取决于市场且不直接进出口的项目投入物和产出物，按照非外贸货物定价，以其国内市场价格作为确定影子价格的基础，并按下列公式换算为到厂价和出厂价：

投入物影子价格（到厂价）＝市场价格＋国内运杂费

产出物影子价格（出厂价）＝市场价格－国内运杂费

当项目产出物或投入物数量规模很大，项目实施足以影响其市场价格，导致“有项目”和“无项目”两种情况下市场价格不一致时，可取两者的平均值作为确定影子价格的基础。

2. 不具有市场价格的货物的影子价格

某些项目的产出效果没有市场价格或市场价格不能反映其经济价值，特别是对于项目的外部效果往往很难有实际价格计量。对于这种情况，应遵循消费者支付意愿和接受补偿意愿的原则，采取以下两种方法测算影子价格。

第一，根据消费者支付意愿的原则，通过其他相关市场信号，按照“显示偏好”的方法，寻找揭示这些影响的隐含价值间接估算产出效果的影子价格。如项目的外部效果导致关联对象产出水平或成本费用的变动，通过对这些变动进行客观量化分析，作为对项目外部效果进行量化的依据。

第二，按照“陈述偏好”的意愿调查方法，分析调查对象的支付意愿或接受补偿意愿，通过推断，间接估算产出效果的影子价格。

3. 由政府调控价格的货物（或服务）的影子价格

我国尚有少部分产品或服务（如电、水和铁路运输等）由政府调控价格，政府调控价格包括政府定价、指导价、最高限价、最低限价等。这些产品或者服务的价格不能完全反映其真实的经济价值。在国民经济评价中，往往需要采取特殊的方法确定这些产品（或服务）的影子价格，具体有如下三种方法。

（1）成本分解法

成本分解法是确定非外贸货物影子价格的一种重要方法，通过对某种货物的成本（实践中往往采取平均成本）进行分解，并用影子价格进行调整换算。分解成本法是某种货物的制造生产所需耗费的全部社会资源的价值，包括投入的各种物料、人工、土地、资本等所应分摊的机会成本费用。

（2）消费者支付意愿法

消费者支付意愿法是指消费者为获得某种商品或服务所愿意支付的价格。在国民经济评价中，常常采用消费者支付意愿法测定影子价格，在完善的市场经济中，市场价格可以准确地反映消费者的支付意愿，但在不完善的市场经济中，消费者的行为可能被错误地引导，市场价格也可能不能准确地反映消费者的支付意愿。

（3）机会成本法

机会成本法是指当用于拟建项目的某种资源有多种用途时，在这些可以替代机会中所能获得的最大经济效益。

①电价：作为投入物时，按成本分解法测定，电力过剩的地区，可以按电力生产的边际成本分解定价；作为产出物时，按电力为当地经济所做的边际贡献计算。

②铁路运输：作为投入物时，一般按完全成本分解定价，在铁路运输能力过剩的地区按照边际成本分解定价，在铁路运输紧张地区按支付意愿定价；作为产出物时，按替代运输成本的节约、诱发运输量的支付意愿等测算。

③水价：作为投入物时，按后备水源的成本分解定价，或按照恢复水功能的成本定价；作为产出物时，按消费者支付意愿或消费者承受能力加政府补贴确定。

4. 特殊投入物的影子价格

特殊投入物的影子价格的确定包括劳动力、土地、自然资源。影子价格需要采用特定的方法来确定。

（1）劳动力的影子价格——影子工资

影子工资是指由于项目在实施和运营中投入了劳动力，社会为此付出的代价，包括劳动力的机会成本和劳动力转移而引起的新增资源消耗。劳动力的机会成本是拟建项目占用的人力资源由于在本项目中使用而不能用于其他地方或是享受闲暇时间因而被迫放弃的价值。劳动力的机会成本是影子工资的重要组成部分，这与劳动力的技术熟练程度和供求状况有关。

（2）土地的影子价格

根据土地用途的机会成本原则或消费者支付意愿原则计算影子价格。

①生产性用地：主要指农业、林业、牧业、渔业及其他生产性用地，按照这些生产用地的机会成本及因改变土地用途而发生的新增资源消耗进行计算：

土地的经济成本（影子价格）＝土地机会成本＋新增资源消耗

土地的机会成本应按照社会对这些生产用地未来可以提供的消费产品的支付进行分析计算，一般按照项目占用土地在“无项目”情况下的“最佳可行替代用途”的生产性产出的净效益现值进行计算。

新增资源消耗应按照在“有项目”情况下土地的征用造成原有地的附属物财产的损失及其他资源耗费来计算，主要包括拆迁补偿、农民安置补助费等。土地平整等开发成本应计入工程建设成本中，在土地经济成本估算中不再重复计算。

②非生产性用地：如住宅、休闲用地等，应按照支付意愿的原则，根据市场交易的价格测算其影子价格。

（3）自然资源的影子价格

自然资源包括土地资源、森林资源、矿产资源和水资源等。经济费用效益分析中，项目的建设和运营需要投入的自然资源是项目投入物替代方案的成本，因此，其影子价格是通过对这些资源资产用于其他用途的机会成本等进行分析测算得到的。

四、经济费用效益分析

经济费用效益分析是从资源合理配置的角度，分析项目投资的经济效率和对社会福利所作出的贡献，评价项目的经济合理性。

（一）经济费用效益分析的目的

（1）全面识别整个社会为项目付出的代价以及项目为提高社会福利所作出的贡献，评价项目投资的经济合理性。

（2）分析项目的经济费用效益流量和财务现金流量存在的差别以及造成这些差别的原因，并提出相关调整建议。

（3）对于市场化动作的基础设施等项目，通过经济费用效益分析来论证项目的经济价值，为制订财务方案提供依据。

（4）分析各利益相关者为项目付出的代价及获得的收益，通过对受损者及受益者的经济费用效果分析，为社会评价提供依据。

（二）经济费用效益分析的指标

1. 经济净现值（ENPV）

经济净现值（ENPV）反映项目对国民经济的净贡献。它是用社会折现率将项目计算期内各年的经济效益流量折算到建设期初的现值之和。

在经济费用效益分析中，如果经济净现值大于或等于0，表明项目可以达到符合社会折现率的效率水平，认为该项目从经济资源配置的角度可以被接受。

2. 经济内部收益率（EIRR）

经济内部收益率（EIRR）是指项目在计算期内经济净效益流量的现值累计等于0时的折现率。

经济内部收益率（EIRR）大于或等于社会折现率，表明项目资源配置的经济效率达到了可以被接受的水平，这时认为项目是可以考虑接受的；否则不可接受。

3. 经济效益费用比（RBC）

经济效益费用比（RBC）是指方案在寿命期内效益流量的现值总额与费用流量的现值总额之比，它反映方案经济效率的高低。

如果经济效益费用比大于或等于1，表明项目的资源配置的经济效益达到了可以接受的水平，方案可行；如果经济效益费用比小于1，则方案不可行。

在进行多方案比较时，经济效益费用比最大的方案其经济效率最高。

五、经济费用效果分析

对于一些效果难于或不能货币化，或者货币化的效果不是项目主要目标时，通常采用费用效果分析法。费用效果分析是指通过比较项目预期的效果与所支付的费用，判断项目的费用有效性或经济合理性。

费用效果分析中的费用是指为实现项目预定目标所付出的财务代价或经济代价，采用货币计量；效果是指项目的结果所起到的作用、效应或效能，是项目目标的实现程度。费用效果分析方法的基本特点是把效果和费用分开研究，即用货币指标度量费用，用物理指标度量效果，然后对各种方案的费用与效果进行比较，选择最好的方案。

费用效果分析回避了效果定价的难题，直接用非货币化的效果指标与费用进行比较，方法相对简单，最适用于效果难以货币化的领域。另外，在可行性研究的不同技术经济环节，如场址选择、工艺比较、设备选型、总图设计、环保保护、安全措施等，往往很难与项目最终的货币效益直接挂钩测算。在上述情况下，都适宜采用费用效果分析。

费用效果分析既可以应用于财务现金流量，也可以用于经济费用效益流量。对于前者，主要用于项目各个环节的方案比选和项目总体方案的初步筛选；对于后者，除了可以用于上述方案比选、筛选以外，对于项目主体效益难以货币化的，则取代费用效益分析，并作为经济分析的最终结论。

参考文献

[1]迟耀辉，孙巧稚．新型建筑材料[M]．武汉：武汉大学出版社，2019:3.

[2]刘琼祥．新型建筑结构体系与材料研究及案例分析[M]．北京：中国建筑工业出版社，2019:12.

[3]李敏勇，肖明霞．建筑装饰材料与构造[M]．天津：天津科学技术出版社，2019:6.

[4]张长清，周万良，魏小胜．建筑装饰材料[M]．武汉：华中科技大学出版社，2019:12.

[5]沈春林．建筑防水工程常用材料[M]．北京：中国建材工业出版社，2019:7.

[6]张晶，张柳，杨芬．建筑装饰材料与施工工艺[M]．合肥：合肥工业大学出版社，2019:3.

[7]杜晓蒙．建筑垃圾及工业固废筑路材料[M]．北京：中国建材工业出版社，2019:11.

[8]云斯宁．新型能源材料与器件[M]．北京：中国建材工业出版社，2019:1.

[9]杨金铎，李洪岐．装饰装修材料[M]．北京：中国建材工业出版社，2019:11.

[10]张琪．装饰材料与工艺[M]．上海：上海人民美术出版社，2019:1.

[11]赵富荣，李天平，马晓鹏．装配式建筑概论[M]．哈尔滨：哈尔滨工程大学出版社，2019:7.

[12]刘宏伟．现代高层建筑施工[M]．北京：机械工业出版社，2019:10.

[13]魏爱敏，王会波．建筑装饰材料[M]．北京：北京理工大学出版社，2020:11.

[14]袁海庆.材料力学[M].武汉:武汉理工大学出版社,2020:8.
[15]郭啸晨.绿色建筑装饰材料的选取与应用[M].武汉:华中科技大学出版社,2020:1.
[16]罗佳宁.构成秩序视野下新型工业化建筑的产品化设计与建造[M].南京:东南大学出版社,2020:1.
[17]贾德昌.无机聚合物及其复合材料(第2版)[M].哈尔滨:哈尔滨工业大学出版社,2020:3.
[18]王洪.非织造材料及其应用[M].北京:中国纺织出版社,2020:7.
[19]雷筱云,魏保志.新材料产业专利分析[M].北京:知识产权出版社,2020:10.
[20]杨思忠.装配式混凝土新型构件生产与高效施工关键技术[M].北京:中国建材工业出版社,2020:3.
[21]贾莉.建筑施工榫卯式钢管脚手架[M].天津:天津大学出版社,2020:6.
[22]潘三红,卓德军,徐瑛.建筑工程经济理论分析与科学管理[M].武汉:华中科学技术大学出版社,2021:9.
[23]黄晨,吴凤珍,郭米娜.建筑工程经济[M].哈尔滨:哈尔滨工程大学出版社,2021:7.
[24]高云.建筑工程项目招标与合同管理[M].石家庄:河北科学技术出版社,2021:1.
[25]应丹雷.建筑工程经济[M].北京:中国建筑工业出版社,2022:1.
[26]姜守亮,石静,王丹.建筑工程经济与管理研究[M].长春:吉林科学技术出版社,2022:8.
[27]张宜松,陈丽.建筑工程经济与管理(第3版)[M].北京:化学工业出版社,2022:1.
[28]刘迪章.建筑工程经济与项目管理研究[M].延吉:延边大学出版社,2022:8.